藏在成功者信札里
的10字秘诀

高一飞 / 编著

分别从退、淡、忍、隐、放、让、和、活、止、变10个方面来介绍成功者的秘诀

中国华侨出版社

图书在版编目（CIP）数据

藏在成功者信札里的10字秘诀／高一飞编著．—北京：中国华侨出版社，2012.8
ISBN 978-7-5113-2375-0

Ⅰ.①藏…　Ⅱ.①高…　Ⅲ.①成功心理－通俗读物　Ⅳ.①B848.4-49

中国版本图书馆 CIP 数据核字（2012）第 086842 号

● 藏在成功者信札里的 10 字秘诀

编　　著／高一飞
责任编辑／梁　谋
经　　销／新华书店
开　　本／710×1000 毫米　1/16　印张 15　字数 200 千字
印　　数／5001-10000
印　　刷／北京一鑫印务有限责任公司
版　　次／2013 年 5 月第 2 版　2018 年 3 月第 2 次印刷
书　　号／ISBN 978-7-5113-2375-0
定　　价／29.80 元

中国华侨出版社　北京市朝阳区静安里 26 号通成达大厦 3 层　邮编 100028
法律顾问：陈鹰律师事务所
编辑部：(010) 64443056　　64443979
发行部：(010) 64443051　　传真：64439708
网　址：www.oveaschin.com
e-mail：oveaschin@sina.com

前 言

你是否曾经在形形色色的招聘广告前徘徊，不知道自己成功的方向在哪里？你是否曾因为工作不尽如人意而倍感苦恼，不知道成功之门开于何处？那些成功人士，总是时不时地闯入我们的眼帘，究竟他们是怎么成功的呢？其实，人都是一样的，成功人士也曾经有过类似的彷徨、无奈，甚至有过相当严重的错误和失败，但他们又是善于总结的，他们总是将自己一生的经验悄然写在为自己准备的个人信札中，作为自己不断进步前进的实践积累……

亿万富翁亨利·福特说："思考是世上最艰苦的工作，所以，很少有人愿意从事它。"事实上，我们的头脑恰是我们最有用的资产，如果使用不当，它会是我们最大的负债。

高财商的人强调，最努力工作的人最终不一定会成功。如果你想成功，你需要独立地进行思考而不是盲从他人。成功人士最大的一项资产就是其与众不同的思考方式。他们说，如果你一直在做别人做的事，你最终只会拥有别人拥有的东西。对大部分人来说，他们拥有的往往是多年的辛苦工作，高额的税负甚至终生的债务。

是不是任何人都可以成功？对于这个问题大部分的失败者总是回

答:"不。"而成功人士的回答是:"是的,所有的人都可以成功,成功并不是很艰难的事情。"

事实上,成功甚至很容易,问题在于,大多数人采用的方法不对头。好多人辛劳终生,却永远生活在他们期望得到的生活线之下;向自己并不了解的领域胡乱进发;为了成功卖命工作而不是努力让自己变成一个有智慧的人;做别人都在做的事情,而不是做成功的人正在做的事情。"

那么你想成为成功的人吗?想彻底了解他们成功的思想吗?现在就让我们翻开尘封在他们内心深处的秘密信札,尽情地与他们进行观点与心灵交流与探讨,相信你一定会受益匪浅。

目 录

第一章 退——暂时退让，获取日后的出路

人生固然需要进步、进取、进入、进发，但是更多的时候，我们还需要学会"退"。进和退就好像是阴阳之行，时刻处在运动变化当中。退中有进，进中含退。退的时候当思进，进的时候不忘退。想成功就要熟练掌握生存场上的进退之术，只有这样才能在进的时候，不一味地高歌猛进，而是懂得为自己留一条退路和一些余地；而在退的时候，也不会畏怯地一退到底，而是不断提醒自己要以退为进，为自己留下再次前进的"桥头堡"。

退，是一种大智慧 / 2
退却就是为了更好的进步 / 3
低姿态，打造真正的强者 / 5
以屈求伸，融精巧于笨拙 / 8
人生如棋局，进退要有度 / 10
退一步，需让他人三分 / 13
以和善、宽容的态度对待他人 / 15
得意的时候需要淡然一些 / 18

第二章 淡——出世心态，做入世的事情

　　每个人的生活都需要拥有一份恬淡平和的心境，一颗自由的心，一份简单细致的人生态度，成功的人也不例外。成功的人喜欢看风起云涌花开花落，蓦然回首地浅浅一笑；守一颗淡泊之心，拥一份淡然之美。因为只要有了月白风清的淡定，就能够有心淡如菊的从容；有了天高云淡的潇洒，就会有流水潺潺的心情。

　　　　刚强易折，柔韧长存／22
　　　　随遇而安，以不变应万变／25
　　　　做事不妨学着走曲线／27
　　　　要有所为，有所不为／30
　　　　为人处世先要具有出世心态／32
　　　　以柔曲的姿态不断前进／33
　　　　主角、配角都要扮演好／36
　　　　掌握好"方圆处世"的火候／38
　　　　把烦恼驱除心外，避免烦恼变心病／41
　　　　时刻保持淡然心境，闲看庭前花开花落／43

第三章 忍——一时忍让，造就长远的发展

　　对于成就大事者来说，忍辱负重是成就事业必须具备的基本素质。孟子曾经说："天将降大任于斯人也，必先苦其心志，劳其筋骨，饿其体肤，空乏其身。"可见，能够在各种困境中忍受屈辱是一种能力，而

能在忍受屈辱中负重拼搏更是一种本领。不忍小则不能成大谋，凡成就大业者莫不明白此理。

不争而争，来一个后来居上 / 48
好汉宁愿吃眼前亏 / 50
小不忍则乱大谋 / 53
忍耐是一种勇敢 / 56
忍，不仅有气量，也有力量 / 59
学会隐忍，懂得屈伸之道 / 61
忍一时风平浪静，退一步海阔天空 / 64
一忍可以制百辱，一静可以制百动 / 67
忍是一个人理智成熟的表现 / 69
人生总有起与落，上台总有下台时 / 71

第四章　隐——今日巧劲，获得幕后的胜利

你想要成为成功人士吗？如果是，那么就要学习如何处理人际关系。生活中，处理人际交往中存在的问题，往往会让人们伤透脑筋。不管你是说错了话、交错了朋友或是防范心理不够强等，都可能招致灾祸。为此只有懂得适当隐忍，才能够在生活当中如鱼得水，成就伟业。

得意时也须低调 / 76
卸掉功名，隐姓埋名 / 78
不战而屈人之兵 / 81
踏实做事——无招胜有招的智慧 / 83
保守住他人的秘密 / 86

不必事事都优秀 / 88

急功近利，办事不利 / 90

自古真人不露相，随便露相不真人 / 93

得意时不张扬，失意时不颓废 / 95

第五章　放——胸怀大度，赢得自己的出路

放下，是一种超然的境界。放得下，是为了以后能够拿得起。人生就是赢在勇于放下，懂得取舍，用心包容。以勇气放下包袱，以冷静来掌控抉择，以平和来面对得失，以中庸来拒绝极端。这样一来，你必将是快乐的、豁达的、成功的。

培养"不争"和"无求"的心态 / 100

放下傲慢，有傲骨而无傲气 / 102

宽容地对待别人的错误 / 104

越能放下，就越快乐 / 107

收敛个性，不过分张扬 / 110

水至清则无鱼 / 111

不要显得比别人聪明 / 114

别逞一时之气 / 116

第六章　让——宽以待人，多给别人退路

我们之所以成功，就是因为我们明白这样一个道理，人生并不是在任何时候都需要勇往直前的，人生更多时候是需要迂回的，进需要有足够的勇气，退则需要更大的勇气和更多的智慧，在适当的时机，转个

身，退一步，那么你必然会获得更大的进步和更多的收获。

　　不给对方空间，就没有自己的空间 / 120
　　切忌得理不饶人 / 122
　　从别人的角度考虑问题 / 124
　　处世让一步为宽，待人宽一步为福 / 127
　　远骄矜之气，做谦恭之人 / 129
　　以礼貌涵养回应别人的愤怒 / 132
　　豁达看得失，淡泊观荣辱 / 134

第七章　和——和谐为本，喜获双赢的结局

　　俗话说："贵和谐，尚中道。"这是中国文化的基本精神，而且也是很多成功人士一直以来都推崇的。万事"和为贵"、"和实生物"，"天时不如地利，地利不如人和"这些观点都告诉我们，万事以和为贵，只有在和谐中才能取得稳固的成功。

　　与人分享，互惠互利 / 138
　　以和为贵，莫把对手逼入死角 / 140
　　适时道歉，挽回败局 / 143
　　不要轻视任何人 / 145
　　善于肯定他人，结果必定双赢 / 149
　　不迁怒于人，做情绪的主人 / 151
　　尊重别人，才能得到尊重 / 154
　　做人心怀感恩，成才要先成人 / 157
　　抬头看蓝蓝的天，感恩生命与自然 / 159

拥有感恩之心，时时触摸幸福 / 162

第八章　活——灵活处世，学会急流勇退

要想成功，首先就要学会如何做人。而我们的经验教给大家的做人之道，那就是——做人一定要灵活变通！但凡成功人士，最讲究的就是"灵活"二字，正所谓"通变之谓事"、"运用之妙，存乎一心"。所以，在为人处世的实际过程中，一定要因时、因地制宜，灵活变通，这样才能够常用常新。

　　远大目标，点滴实现 / 166
　　推功揽过，坚守谦退之道 / 168
　　退让不是牺牲，而是海阔天空 / 171
　　淡泊以明志 / 173
　　盲目扩张不是明智之举 / 176
　　居功不自傲，懂得急流勇退 / 178

第九章　止——过犹不及，凡事适可而止

人生犹如流水，事盛转衰，物极必反。而且，想要成为成功人士，做任何事情都要留有回旋的余地，依循中庸之道，"不及是大错，太过是太恶"，只有恰到好处，不偏不倚才是中和，才是智慧。

　　伟大植根于谦卑 / 182
　　欲壑难填，不要被贪婪诱入歧途 / 185
　　不要处处追求完美 / 187

对过度的要求要说"不" / 189

极盛之时常怀退让之心 / 192

恰到好处地把握做事分寸 / 196

凡事适可而止，不要过分挑剔 / 198

今日的偏执，必定会造成明天的后悔 / 200

第十章 变——改变自己，自然会适应环境

  这个世界上没有办不成的事，只有不知道变通办事的人。成功的机会对于我们每个人都是均等的，要想顺利成事，获得成功的青睐，就需要我们深谙做事、做人之道。做人有学问，其中最大的学问就是懂变通，学会了变通，你就能够在事业、生活上面胜人一筹。而有的人之所以能够成功，就因为他们懂得了变通之道。

变则通，通则久 / 204

换一个角度来看待问题 / 207

换一种思路打通成功之路 / 210

让自己像水一样地生活 / 213

为远大理想忍得一时之屈 / 217

打破进退的思维定式 / 218

改变自己，适应环境 / 220

调整心态，牢牢抓住命运 / 223

想要成功，先从变通中改变自己 / 225

第一章
退——暂时退让,获取日后的出路

　　人生固然需要进步、进取、进入、进发,但是更多的时候,我们还需要学会"退"。进和退就好像是阴阳之行,时刻处在运动变化当中。退中有进,进中含退。退的时候当思进,进的时候不忘退。想成功就要熟练掌握生存场上的进退之术,只有这样才能在进的时候,不一味地高歌猛进,而是懂得为自己留一条退路和一些余地;而在退的时候,也不会畏怯地一退到底,而是不断提醒自己要以退为进,为自己留下再次前进的"桥头堡"。

退，是一种大智慧

古语说得好："建功立业，功既成，身应退。"可见，当事业在全盛时期能够毅然引退，不但自己安全，他人也不会嫉妒，实在是保身长久的好方法。

古往今来的好斗者，终其一生都是在不断地争斗。有斗争就得有斗争的对象，当一个斗争对象被消灭之后，那么就会寻找新的斗争对象。而当所有的斗争对象都消灭之后，还会将自己同甘共苦过的朋友、亲近的人作为新的斗争对象，继续争斗。于是，在浩瀚的历史长河中，智者逐渐就总结出了"急流勇退"的理论。

由此可见，能够在风光无限的时候，选择急流勇退的人才是真正的聪明人和智者。

美国第一任总统华盛顿，他带领民众打跑了英国殖民主义者，建立了美利坚合众国。

而且就在建国之后，德高望重的华盛顿被推选为美国第一任总统。四年以后他因为治国有方，在选举中连任总统。当此次任期届满之后，按照他的政治经验和出色政绩，如果参加第三届总统选举，那么自然还是会以高票当选。但是华盛顿却发表了致美国人民的告别辞："我已下定决心，谢绝任何将我列为候选人的盛情。我越来越确定自己的退休是必要的，而且是受欢迎的。我应当退出政坛。"

华盛顿在其功成名就之际辞去官职，不仅显示出他卓越的民主意识，而且也为美国总统连任不超过两届开创了先河。

1799 年，华盛顿逝世之后，不仅美国民众万分悲痛，世界其他国家也举行了各种各样的哀悼活动。

法国政府机构悬挂十天黑纱，世界各国都在悼念这位出色的政治家。就连美国当初的敌对国英国，它们的军舰也降下了半旗表示哀悼。

"他是独立战争时期的第一人，和平时期的第一人，美国同胞心目中的第一人。"美国国会在追悼他的时候，有一位政治家在演讲当中这样评价华盛顿。

开国立功勋，治国有方略，急流勇退开先例，伟大的华盛顿，不愧成为世界史上罕有的一位巨人。如果没有一种海一般的宽广胸怀，怎么能够得到呢？

急流勇退这是一种大智慧，道家"盛极必衰，月盈必亏"的朴素辩证法其实就已经做了很好的诠释。

所以，我们对自己所从事行业的前景一定要有一个非常清醒的认识，才能够做到明察善断，占尽先机；审时度势，急流勇退。良好的撤退，也许能够让你获得更大的机遇。

赢在出路 》》》

在当今多元化的社会里，各种机会源源不断，随处可见。只要你能够善于抓住规律，急流勇退之后的你，自己的事业和生活也许会更加顺心如意。

退却就是为了更好的进步

曾经有这样一位绅士，他着急去处理一件紧急的事情，在去办事的路上要经过一座独木桥，结果上了独木桥之后，他刚走几步就看见了一位孕妇。而绅士这个时候则非常有礼貌地转身回到了桥头，让孕妇先过了桥。

结果等到孕妇一过桥，绅士再一次上了桥，当他走到桥中央的时候，又遇到了一位挑柴的樵夫，这一次绅士还是什么都没有说，又回到桥头让樵夫先过桥。

在这之后，绅士就再也不敢贸然上桥了，最后等到桥那头的人都过完了，他才匆匆忙忙地上了桥。可是眼看自己就要到达桥那头了，这个时候突然迎面赶来了一个推着独轮车的农夫。

因为这一次马上就要到达桥那头了，所以绅士这个时候不想再让了。于是就非常热情地对农夫说道："亲爱的农夫先生，您看您能不能让我先过去，您瞧我这还差两步就到头了。"没有想到农夫居然不同意，而且还非常愤怒地说道："你没有看到我着急过河赶集吗？"就这样，两个人话不投机，于是激烈地争执起来。

而就在这个时候，河面当中漂来了一叶小舟，在小舟的上面坐着一个老和尚。而这个老和尚刚刚到达桥下，两个人就不约而同地请老和尚来为他们评理。

只见老和尚双手合一，看了看农夫，问他："你真的很着急吗？"农夫回答说："我当然很着急了，如果晚了的话，我就赶不上集市了。"老和尚说道："既然你这么着急去赶集，那么为什么不先让路给绅士呢？你没有看见他马上就已经要到头了吗，而这样你也就可以赶紧过桥了。"

结果农夫听完之后一言不发，老和尚这个时候又笑着问道绅士："你为什么要农夫给你让路呢？"这个时候绅士说道："在此之前，我已经给很多人让过路了，而且我现在马上就要到桥的尽头了，如果我还要给农夫让路的话，那么我还要走回去，这样我估计今天都过不了桥了。"

老和尚听完绅士的回答则反问道："有吵架的工夫，你现在是不是就已经过去了呢？你既然已经给别人让了那么多次的路，为什么就不能

第一章 退——暂时退让,获取日后的出路

够再让农夫一次呢?即使你可能过不了桥,但是你最起码保持住了自己的绅士风度,这样做不是很好吗?"绅士听完老和尚的话之后,羞愧得满脸通红。

一个人在关键时刻对某件事是进还是退的决定,有可能对这个人的一生有着决定性影响。所以,做人应该学会选择,学会取舍,要能够看得清楚眼前利益和长远利益,我们只有在自己的人生道路中作出了正确的取舍,才能够真正把握自己的命运。

赢在出路 》》》

进退有度不仅仅是一种深远的谋略,更是一种宽柔的智慧。在我们的这一生当中需要得到的东西太多,但是自古就有"鱼和熊掌不可兼得"的古训,人生必然是有所得,也有所失,我们一定要怀着一颗平常心来看待得失,切忌为了一些虚名而堕落得无法自拔。

低姿态,打造真正的强者

在动物世界里,"保护色"是一种非常重要的生存法宝。什么是"保护色",就是指动物身体的颜色和周围环境的颜色比较接近,当它在某个环境里面的时候,它的天敌便不容易找到它了。比如蚂蚱喜欢吃农作物,而它的身体本身就是绿色的,这种颜色其实就是它的保护色。

也正是因为有了"保护色",大自然当中的各种生物才能够代代繁衍,维持一个起码的生存空间。一般来说,具有拟态的生物往往是兼有保护色的,其生存条件要比那些只具有保护色的生物还要好。

在人类世界当中,最好的"保护色"就是"低姿态"。低姿态是一种谦虚，是一种尊敬，是一种友好，也是一种礼仪。学会低头并不是妄自菲薄。其实，学会低头就意味着谦虚、谨慎。学会低头，也就是在陷入泥潭的时候，能够及时爬起来，让自己远离泥潭。

在世间，凡是那些成熟的东西，都能够呈现"低姿态"。比如稻穗成熟了，它就会低下头来；果实丰满了，它也会枝丫低垂。杨柳的枝条，也都是柔软低垂的，但任凭风吹雨打，也很少见到柳树折断。

自古以来，凡是成功的人都懂得放低姿态。周文王弃王车陪姜太公钓鱼，灭商建周成为了一代君王；而刘备三顾茅庐，最后拜得诸葛亮为军师，促成了三国鼎立。这些都是我们耳熟能详的故事，如果没有文王以及刘备的低姿态，那么怎么能够成就帝业呢？

正是因为放低了姿态，曾国藩自削兵权消除清王的猜忌，以保晚节；也正是因为放低姿态，卡耐基才能够遍访能人以成其事；更是因为放低姿态，越王勾践卧薪尝胆才有了后来的光复国家，等等。很多成功的人，正是用低姿态才成就了自己的大成功。

亚里士多德曾经说过："目标的高标准与身子的低姿态和谐统一，这是造就厚重与辉煌人生的必备条件。"看起来低调的生存姿态，才是人生的常态。唯有"低"才能够看得真切，看得生动具体，也才能够更好地抓住事物的真谛。

战场上，面临敌人的枪弹来袭时，最为明智的选择就是低下身子，甚至是卧倒，这样做才能够最大限度地避免危险。这其实也很好地说明了有时"低"比"高"更适宜生存。

我们每个人的一生都要经历千门万坎，千曲百折，所经历的事情不见得总是符合我们的想法，更不可能件件事情都是量身定做，而这就需要我们不断调整自己的姿态、心态，不然是很有可能碰壁的。

第一章　退——暂时退让，获取日后的出路

学会低姿态，该低的时候就低，这绝对不是懦弱和畏缩，而是人生的大智慧，也是修身、立身、入世、处世不可缺少的修养和风度。

秦始皇陵兵马俑坑到现如今已经出土清理了各种陶俑1000多尊，但都存在不同程度的损坏，需要进行人工修复。但是，被称为秦始皇陵兵马俑博物馆"镇馆之宝"的跪射俑却保存得很完整，它之所以能够保存得如此完整，就是因为它的低姿态。

原来，兵马俑坑都是地道式的土木结构建筑，当棚顶塌陷，土木俱下的时候，高大的立姿俑首当其冲，而低矮的跪射俑受到的损害就相对小一些。所以，在经历了2000多年的岁月风霜之后，它依旧能够相对完整地呈现在世人面前。

那些单车竞赛的选手，都是尽量弯腰低伏前进，姿态愈低，所受到的阻力愈小；田径赛跑，选手起跑的时候也都是选择蹲下来，以低姿态静待哨音冲刺。

正所谓"树大招风，垂枝者劲"，人生在世，低头的人最后大多数是受人喜欢，因为他保持了低姿态。可见，跋涉于人生之路，我们必须学会低头。对于一些初涉世事的年轻人来说，他们总是喜欢张扬个性，率意而为，结果就是处处碰壁。

而当他们涉世渐深，就会知道轻重，分清主次，于是也就学会了内敛：少出风头，不争闲气，专心做事。

赢在出路 》》》

人生或成功，博得满堂彩；或失败，无人鼓掌也无人欣赏。我们需要放低姿态去学习和等待，因为机会只留给那些准备充分的人。

以屈求伸，融精巧于笨拙

俗话说得好："大丈夫能屈能伸。"能屈能伸，以屈求伸，说明不管是"屈"还是"伸"都是人的主动行为，而"屈"仅仅是手段，"伸"才是目的，以屈求伸的目的则是退一步进两步。在"屈"中处世，在"伸"中立志；在"屈"中做事，在"伸"中立业。

要想让你的人生道路变得顺畅通达，首先就需要证明你是一块赤金，而这就需要你能屈能伸。只有能屈能伸的人，也才可以称得上是大丈夫。

在楚汉争霸的时候，季布曾经是项羽麾下的战将，每次战役都是身先士卒，率领部队冲锋陷阵，多次冲入敌军夺旗斩将，甚至有好几次都把刘邦打败，弄得刘邦非常狼狈。

有一次，季布追击刘邦，差一点就杀了刘邦。到了后来，项羽被围自杀，刘邦夺取了天下，当上了皇帝。而刘邦每次想起败在季布手下的事情，心中就非常生气。愤怒之下，刘邦悬重赏全国通缉他，并且还下令，谁敢藏匿他，就会诛灭九族。

但是，季布为人正直，而且经常行侠仗义，所以当时有很多人都愿意保护他。在刚开始的时候，季布躲在好友的家中，等过了一段时间，捉拿他的风声更紧了。

朋友说："汉王朝悬赏捉拿你非常紧急，追踪的搜查可能马上就要到我家来了，将军您如果愿意听从我的话，那么我给您献出这个计策；如果不能，那么我情愿先自杀。"

季布听完了他的话，同意了这个计策以求自保。于是，他让季布把

第一章 退——暂时退让，获取日后的出路

头剃掉，并且还穿上了粗布衣服，装扮成为奴仆的样子，卖身到了朱家。

朱家的人心里非常清楚，这个奴仆就是季布，于是便买下了很多土地，并且把季布安置在田地里耕作，而且还告诫自己的儿子说："田间耕作的事，你一定要听从这个佣人的吩咐，并且一定要和他吃同样的饭。"

当时，朱家的主人非常欣赏季布，于是就专程去洛阳请刘邦的好朋友汝阴侯滕公向刘邦说情，希望能够撤销追杀季布的通缉令。

而当汝阴侯滕公听了朱家的话，也知道季布的为人如何，并且还知道季布一定躲藏在他那里，于是就答应下了朱家的请求。

到了后来，滕公果然等到了这样的机会，并且将这件事情奏明给了刘邦，终于让刘邦赦免了季布，并且还任命他为郎中，不久又任命他为河东太守。

一个战场上的英雄，为什么甘心为奴而不自杀呢，显得一点志气都没有？因为他非常懂得能屈能伸的道理，懂得在逆境当中寻求再一次崛起的时机，所以最终成为了汉代的名将。

可以说，以屈求伸这是一种本领和智慧，它是运用智慧来巧妙地为人处世，并且战胜敌人。而真正的成功者，行动的时候干练、迅捷，不会被感情所左右；在退避的时候，也能够做到审时度势，全身而退，并且还会抓住最佳的机会东山再起。

欲安身必先立命，命立而后身安。做人就应该学会能屈能伸，人如果过于刚强，遇事就会不考虑后果，迎难而上，这样的人非常容易四处碰壁，遭受挫折，形如一介莽夫，难成大器。而一个人太过柔弱，那么遇到事情就会优柔寡断，坐失良机，一味地软弱，没有傲骨，终究也就是一个扶不起的阿斗。

所以，无论是在工作上，还是在感情上都是如此，要学会做橡皮一样的人，能屈能伸，刚柔并济，以广阔的胸襟来适应这个社会。

赢在出路 》》》

当我们处于弱势的时候，示弱以自保，以退求进，以屈求伸，这显然是大智慧；真正反省自己的不足，并且清醒认识到自己的优势和劣势，找准自己的坐标，摆正自己的位置，这也是大智慧；而能够深入研究对手，吸纳对手的长处，找到对手的短处，这也是大智慧；积蓄力量，等待时机，完成新的飞跃则更是大智慧。

人生如棋局，进退要有度

人生就好像是一盘棋。有的人任由命运时局的摆布，如同木偶；但是有的人则能进能退，他们才是自己命运的主人。进退自如需要有超强的勇气、坚定的信念。只有镇定自若，能够从长远进行考虑，得意淡然，失意坦然，才能够进退自如，也才能够下好人生的这盘棋。

人生就好像是一盘棋，自己就是棋子。眼观六路，耳听八方，知己知彼，才能够进退自如；纵观大局，胸怀大局，才能够不计较一步棋的得失；不懂得进退只会一步走错，百步艰难，一着不慎，就会落得个满盘皆输的下场。

公元前496年，越王允常离世，其子勾践继承王位。吴王阖闾乘越国丧乱之际带兵前去攻越，由于越国军民痛恨吴国乘人之危的行径，因此同仇敌忾奋力抵抗，最终吴军大败，吴王阖闾也因此负伤死在归途中。

第一章　退——暂时退让,获取日后的出路

阖闾死后,其子吴王夫差继位,他三年潜心备战,再次率复仇大军杀向越国。在这次战斗中,越国水军几乎全军覆没,越王勾践逃到会稽山,最终向吴国屈辱求和。按照吴国的要求,越王勾践必须带着夫人和大臣范蠡到吴国服苦役。给阖闾看坟,给夫差喂马,甚至还要做为夫差脱鞋,服侍夫差上厕所的屈辱工作。在复议过程中勾践三人受尽嘲笑和羞辱。但为将来的复国大计,勾践顽强地忍耐着吴国对他的精神和肉体折磨,对吴王夫差更加恭敬驯服。

在夫差生病的时候,勾践亲自观其粪便察看其病情,也令夫差非常感动。三年苦役期满,吴王便放勾践回到自己的国家。勾践君臣相见,抱头痛哭,立志一定要雪耻复仇。

勾践回国后,时刻不忘吴国受辱的情景。他睡觉时,将身躯躺在乱柴草之上,夜夜不得安眠,只要睁开眼脑子里便都想着励精图志,早日报仇!此外勾践还在自己的屋里挂上了一只苦胆,每顿饭都要尝尝苦味,提醒自己时时不忘在吴国的苦难和耻辱经历。他身着粗布,顿顿粝食,经常跟百姓一起耕田播种。勾践夫人带领妇女养蚕织布,发展生产。君王夫妇与百姓同甘共苦,激励了全国上下齐心努力,奋发图强,早日灭吴雪耻。

在治国方面,勾践又采用大臣文种建议,贿赂吴王,麻痹对方;他不断的收购吴国粮食,使之粮库空虚;赠送木料,耗费吴国人力物力兴建宫殿;散布谣言,离间吴国军臣,用计杀害伍子胥;施用美人计,消磨夫差精力,不问正事,加速吴亡。结果勾践施行的美人计非常有杀伤力。夫差在美人西施的美色迷惑下,按照越国的心愿和设想的步骤,一步步走向灭亡。公元前482年,越王乘夫差去黄池会盟,偷袭吴国成功,吴国只好向勾践求和。后来越国再次起兵,灭掉吴国,夫差自杀身亡。

汤姆是耶鲁大学信息系毕业的高才生,他在毕业不久之后就被一家跨国公司录取了。这家鼎鼎有名的大公司是许多人非常向往的工作单位。

但是,在进入公司工作不久,汤姆就失去了原有的热情。因为身为信息系高才生的他在公司里面竟然被安排担任文秘的工作。

这样以来,汤姆根本就不能够施展自己的才华。所以汤姆非常愤怒,他毅然就放弃了高达36万美元的年薪,跳槽到了一家小公司担任电脑主管。

在小公司当中,汤姆发挥了自己所有在大学里学习到的知识。不久之后,他所在公司出品的软件在市场上受到了人们的青睐,大家都开始争相购买他的产品。从此之后,公司的规模越来越大,汤姆也因此成为了公司的总经理。

我们从汤姆的成长轨迹当中不难看出,成功的人生关键在于进退有度,他放弃了跨国大公司体面、多金的工作,是因为清楚认识到那份工作虽好却不适合自己,有碍于自己的长远发展,因此明智退出。而在小公司里,他找到了发挥自己才干的平台,也逐渐使自己获得了"进"的资本,最终成为了总经理。

漫漫人生犹如棋局,人生的起落沉浮难免会令人举棋不定。从某种意义上来说,把握人生的本质就在于学会进退。有的时候,你是卒,要勇往直前绝不后退;而有的时候你是马,应该驰骋四方、腾挪闪跃。当退则退,当断不断反受其乱。只有懂得进退之道,我们才能够纵观大局,知己知彼,落子无悔;只有懂得进退有度,才能够找准自己的位置,才能够进退自如,游刃有余。我们每个人的一生就是竞争、调和的过程,学会了进退才能够成为人生棋局的棋手。

第一章 退——暂时退让,获取日后的出路

赢在出路 》》》

人生就像棋局,一个高手懂得镇定自若,得意淡然、失意坦然;懂得知己知彼,有进有退;懂得纵观大局,胸怀大局,不去计较一步棋的得失;更懂得落子无悔,否则,一着不慎就会落得满盘皆输。

退一步,需让他人三分

"知退一步,须让三分"这句话出自《菜根谭》洪应明之语:"人情反复,世间崎岖。行不去处,须知退一步之法;行得去处,务加让三分之功。"意思就是说,在人生之路走不通的时候,我们要知道退让一步;在走得过去的地方,也一定要给别人三分的便利。

"知退一步,须让三分"就是教诲人们做事情不要草莽义气、少了谋略。当我们回想起自己的人生经历,这样的举动通常会出现在二十至三十岁这个年龄段。在这一年龄段,争强好胜、无所顾忌,总是认为自己输得起,我们也总是在这样的心境下勇往直前、不计后果。

有一个小伙子刚刚工作平时是个热心人,帮了这个帮那个公司大部分人都挺喜欢他,但必定是新人,有很年轻,部门里必定会有一些人要卖弄一下老资格。其中在一个部门做事的老张就是这么一个人,他总是对新人摆出一副高高在上的架子,时常在办公室里对小伙子吆五喝六,时不时的还要给对方几句。很多办公室的人都看不过去,觉得尽管人家是新人,也没有必要这样苛刻啊。

一次明明应该是老张把文件送到主任办公室,结果为了一时偷懒,他又开始板着一张脸去找小伙子:"你去把这个文件送到主任办公室。"

"不好意思您，刚才主任分配下来，让我赶快把合同给处理好，他跟我说一会儿就要要，要不您自己去送吧。""怎么着，用不动你了是吧！你刚来几天啊……"老张开始在那里滔滔不绝的宣泄着自己的不满，小伙子就在那里一句话不说，等他疏漏完自己又跟没事人儿似的干自己的工作去了。

事后，有些人问他，当时你不生气么？无端的找茬，你为什么不顶撞他？小伙子小小说："其实也没什么，都在一个办公室，低头不见抬头见，他资格老经验多而我还很年轻又刚刚来，要是现在刚入行就不知进退，动不动跟人大吵大闹的，以后的发展估计也不会太好了。"

从这个故事中不难看出小伙子绝对是个有脑子的聪明人，人在社会的大环境中，什么样的人够会碰见，我们除了要认真的处理自己与每个人之间的关系，还要保持好一个平衡乐观的心态。做事情不必太较真，能让一步的时候就别玩儿命争竞，必定人的眼光应该方远，为了当下的小事闹了不愉快，以后真的需要彼此帮衬合作的时候必然会将自己身陷无比尴尬的困局。

"知退一步，须让三分"可以说这是在岁月中提炼出的生活的艺术。我们每个人都生活在群体之中，互相之间免不了在个人利益、发展等方面发生的"碟碗交响"，无须回避也无法回避。

适当的退让和割舍，是深厚的修养和理性成熟的表现。因为，更大的目标需要在他人的帮助下完成，而更远的理想需要留一点周旋的空间。

人生苦且短，白驹过隙急！感叹之余，我们一定要在奋斗当中盯住最重要的目标，在生活中选择好最佳的着力点，这才是智慧的人生、舒畅的人生、和谐的人生、安全的人生！

第一章 退——暂时退让，获取日后的出路

赢在出路 »»»

"知退一步，须让三分"这是一种修身，虽然做起来是非常困难的，但是大口吃鱼刺肯定是会刺到嗓子的。只有做到这点我们才能够、也才有可能让自己的人生变得更加潇洒。

以和善、宽容的态度对待他人

古人云："冤冤相报何时了，得饶人处且饶人。"这其实就是一种宽容，更是一种博大的胸怀，一种不拘小节的潇洒，一种伟大的仁慈。从古至今，宽容一直以来都是被圣贤乃至平民百姓尊奉为做人的准则和信念，而这也已经成为了中华民族传统美德的一部分，更是被视为育人律己的一条光辉典则。同时宽容作为一种人际交往的准则也越来越被人们重视和青睐。

另外有句话叫"以牙还牙"，分手或者报复可能更加符合人的本能心理。但是如果真的这样做了，怨会越结越深，仇恨也会越积越多，到时候真的是冤冤相报何时了了。

在日常生活当中，难免会发生这样的事：亲密无间的朋友，可能有意或者是无意做了伤害你的事。你到底是应该宽容他，还是从此分手，伺机报复呢？

如果当你在切肤之痛之后，采取别人难以想到的一种态度去宽容对方，表现出别人难以达到的襟怀，那么你的宽宏大量、光明磊落会让你的精神达到一个新的境界，你的人格更将折射出高尚的光彩。

在第二次世界大战期间，有一支部队在森林当中与敌军相遇，激战之后两名战士与大部队失去了联系，这两名战士来自于同一个小镇。

两个人在森林当中艰难跋涉，他们互相鼓励、互相安慰。就这样，十几天的时间过去了，但是却还没有与部队联系上。这一天，他们打死了一只鹿，依靠鹿肉又勉强度过了几天，但是从这之后，他们却再也没有看到过任何动物。他们仅剩下的一点鹿肉，当时背在一位年轻战士的身上。这一天，他们在森林当中又一次与敌人相遇，他们非常巧妙地避开了敌人。

可是，就当他们自以为自己已经非常安全的时候，却听到一声枪响，走在前面的年轻战士中了一枪，好在是伤在肩膀上！

这个时候，后面的士兵惶恐地跑了过来，他当时害怕得语无伦次，抱起战友的身体泪流不止，并且赶紧把自己的衬衣撕下包扎战友的伤口。

晚上，没有受伤的士兵一直念叨着母亲的名字，两眼直勾勾的。他们都以为自己熬不过这一夜了，尽管饥饿难忍，但是他们谁也没动身边的鹿肉。真的不知道他们是如何度过的那一夜。好在第二天，部队发现了他们，救了他们。

时隔30年之后，那位受伤的战士说："我早就知道是谁开的那一枪，他就是我的战友。当时他在抱住我的时候，我碰到他发热的枪管。但是我却不明白，他为什么要对我开枪？虽然这样，我还是当晚就宽容了他。因为我猜到他是想独吞我身上的鹿肉，我也知道他是想为了他的母亲而活下来。

"在这之后的30年时间里，我假装根本不知道此事，也从来不去提及。战争实在是太残酷了，他母亲最后还是提前离开了人世，没有等到他回来，我和他一起祭奠了老人家。

"也就是在那一天，他跪下来，请求我能够原谅他，我没让他说下去。我们之后一直是非常要好的朋友，我宽容了他。"

第一章　退——暂时退让，获取日后的出路

即使是一个非常懂得宽容别人的人，也往往很难容忍别人对自己的恶意诽谤或者是致命伤害。但是也只有以德报怨，把伤害留给自己，这样才能够创造一个充满温馨的世界。释迦牟尼佛说过："以恨对恨，恨永远存在；以爱对恨，恨自然消失。"

美国第三任总统杰斐逊与第二任总统亚当斯从恶交到最后互相宽恕的故事，就是一个很好的例子。

杰斐逊在就任前夕，他想去白宫告诉亚当斯，他希望针锋相对的竞选活动不要破坏他们之间的友谊。

但是据说杰斐逊还没来得及开口，亚当斯当时就咆哮起来："是你把我赶走的！是你把我赶走的！"

就这样，从此两个人没有交流达数年之久，直到后来杰斐逊的几个邻居去探访亚当斯，而这个坚强的老人却依旧在诉说那件难堪的事，但是接着冲口说出："我一直都喜欢杰斐逊，现在仍然喜欢他。"而邻居最后把这话传给了杰斐逊，杰斐逊便请了一个彼此皆熟悉的朋友传话，让亚当斯也知道他亚当斯的深厚友情。

到了后来，亚当斯回了一封信给他，两人从此开始了美国历史上最伟大的书信往来。

宽容就意味着理解和通融，宽容是人际关系的润滑剂，也是友谊之桥的基石，宽容还能够将敌意化解为友谊，宽容更是解除心结的最佳。以宽广胸襟待人才是交友的上乘之道，宽容也能够让你赢得他人的友谊。

赢在出路 》》》

退一步海阔天空，忍一时风平浪静。对于别人的过失，能够以博大的胸怀去宽容，才会让世界变得更加精彩，以宽容之心度他人之过，才能够做世上的幸福之人。

得意的时候需要淡然一些

成功人士懂得：一时的成绩不代表永远，也不代表你就比别人更高一筹。成绩是自己的，如果一味地张扬、炫耀，那么就会给自己带来负面效应。

"知之为知之，不知为不知，是知也。""谦虚使人进步，骄傲使人落后"……这样的格言、警句可谓是多如牛毛。而它们所讲的都是对待荣誉的态度，在荣誉面前保持平和，这样才会有更大的进步，才不会影响到别人，特别是一些没有获得成就的人的感情。

美国科学家富兰克林曾经说过："缺少谦虚就是缺少见识。"英国哲学家斯宾塞也认为："成功的第一个条件是虚心，对自己的一切敝帚自珍的成见，只要看出与真理冲突，我都愿意放弃。"法国著名的思想家孟德斯鸠说："我从不歌颂自己，我有财产、有家世，我花钱慷慨，朋友们说我风趣，但是我绝对不提这些。固然我有某些优点，而我自己最重视的优点，那就是我的谦虚……"由此可见，谦逊是成功之人所共同珍视的美德。

爱因斯坦由于创立了相对论而名声大震。据说，有一次，他9岁的小儿子问他："爸爸，你怎么变得如此出名？你到底做了什么呢？"爱

第一章 退——暂时退让，获取日后的出路

因斯坦说："当一只瞎眼的甲虫在一根弯曲的树枝上爬行的时候，它是看不见树枝是弯曲的。而我碰巧看出了那甲虫所没有看出的事情。"

谦虚是成功的要素，谦逊与内心的平静也是紧密联系的。我们越是不在众人面前显示自己，那么就越容易获得内心的宁静，而这样一来，就更容易获得别人的认同，从而得到别人的支持。

其实，自高、自大、自傲也是不明智的一种表现。一个自傲的人如果稍微有一点成就，耳朵就不灵光了，眼睛也就花了，路也不会走了，因为这个时候的他开始自我膨胀了。

一个人的成就即使再伟大，也仅仅是相对于个人而说的；在我们所生存的这个环境当中，没有什么不是渺小的。如果你真的在某一方面取得了一定的成绩，你也不应该过分看重它，因为它已经成为了你的历史。

所以，不要留恋你的影子，即使它曾经非常辉煌，因为不管怎么说，它毕竟只是虚无缥缈的影子而已。你要知道，当你望着你的影子依依不舍的时候，你其实正好是背对着照亮你的太阳。

也许，你所自鸣得意的事情，正好是受人奚落的短处，这就好像是口袋里面装着一瓶麝香的人，不用去十字街头进行叫嚷，就会让所有的人都知道他口袋里的东西，因为他身后飘出的香味早就说明了一切。

成功人士是绝对不会滥用优点和荣誉的，他们不会等待着去享受荣誉，而是会继续努力地去做那些所需要做的事情。

正如俄国伟大的科学家巴甫洛夫告诫我们的："决不要陷于骄傲。因为一旦骄傲，你们就会在应该同意的场合固执起来；因为一旦骄傲，你们就会拒绝别人的忠告和友谊的帮助；因为一旦骄傲，你们就会丧失客观方面的准绳。"

而且，让事情更为糟糕的是，你在得意的时候，越是夸耀自己，别

人越会回避你；你越是在别人面前自夸，别人越可能因此而怨恨你。骄傲的人容易心生妒忌，他们喜欢见到那些依附他的人或者是谄媚他的人，但是对于那些受人称赞的人则会心怀嫉妒。

然而，具有讽刺意味的是，与这种情况恰恰相反的是，你越少刻意寻求赞同、刻意炫耀自己，那么你就越会获得更多的赞同和欣赏。因为你要明白，在日常生活中，人们更会在意那些内向、自信，并且不随时随地表现自己的正确与成绩的人。而大部分人也都喜欢那些不自夸的、表现非常谦逊的人。

赢在出路 》》》

真正的谦逊，是需要我们去实践的。谦逊显然是一件很美的事，因为你在平静轻松的感觉中立即就会获得内心的充实。如果你的确有机会自夸，那么，请尝试着努力抑制住这一欲望吧，这样将会让你受益无穷。

第二章
淡——出世心态,做入世的事情

每个人的生活都需要拥有一份恬淡平和的心境,一颗自由的心,一份简单细致的人生态度,成功的人也不例外。成功的人喜欢看风起云涌花开花落,蓦然回首地浅浅一笑;守一颗淡泊之心,拥一份淡然之美。因为只要有了月白风清的淡定,就能够有心淡如菊的从容;有了天高云淡的潇洒,就会有流水潺潺的心情。

刚强易折，柔韧长存

俗话说："百人百心，百人百性。"有的人天生好动，而有的人天生好静，有的人性格柔和，有的人则是性格刚烈。

纵观历史，我们不难发现，好动的人总是会被好静之人所制，刚烈之人更容易被柔和之人所容，这其实就是所谓的：刚强易折，柔韧长存。

中国古代的名将韩信，可谓是家喻户晓，妇孺尽知，其武功盖世，称雄一时，而他就是善用以柔克刚之术的典型代表。

在韩信还没有成名之前，并不恃才傲世，目中无人。相反，他是非常的谦和柔顺，能屈能伸。

有一天，韩信正在街上行走。忽然，面前一下冲出了三四个地痞流氓。只见他们抱着肩膀，叉着双腿，趾高气扬地眯着眼睛斜视韩信。韩信看到之后先是一惊，随即就抱拳拱手道："各位仁兄，莫非有什么事吗？"

其中一个撇了撇嘴，怪笑道："哈哈，仁兄？你倒是真会说话，哈哈，我们哥几个是有点事找你，就看你敢不敢做啦！"

韩信这个时候依然非常平静地说："噢？不知是什么事，蒙各位抬爱竟看得起不才韩信？"

那些人都哈哈大笑起来，刚才说话那人说："哈哈哈，什么抬不抬的，我们不是要抬你，而是决定要揍你，哈哈哈……"

这时候其他人也跟着尖声怪气地笑起来，并且开始嘲笑韩信。

韩信看了看他们，依旧平心静气地问："各位，不知道小可哪里得

第二章　淡——出世心态，做入世的事情

罪了大家，你我远日无仇，近日无冤，为什么要揍小可，实在令在下如坠雾中，摸不着头脑。"

结果那人怪笑三声，说："不为什么，只是听说你的胆子很大，今天我们几个倒想见识见识，看你到底有多大的胆子，是不是比我们几个人的胆子还要大？"

韩信一听，这显然就是没事找事，故意为难自己，于是心中顿生气愤。但是却又忍住了怒火，面上赔笑道："各位各位，我想肯定是有人信口误传，我韩某人哪里有什么胆识，又岂能跟你们相提并论，我没有胆识，没有胆识。"

这群人虽然这样轻蔑韩信，但是听韩信这么说了，还是不肯放他过去。而那个领头之人，"当啷"一声将宝剑抽出来，往韩信面前一扔，将头向前一伸，对韩信说道："我看你老实，今天我们不动手，你要有胆识，那么你就把剑拿起来，砍我的脑袋，那就算你小子有种。要不然的话，你就乖乖地从我的胯下钻过去……"

韩信看着地上的亮闪闪的锋利宝剑，又看了看面前叉腿仰头而立的地痞头头，于是皱了皱眉，这个时候围观的人早已纷纷议论，更是非常气愤，大家都希望韩信去拿剑宰了这狂妄的小子。

韩信也是暗暗咬咬牙，但是却并未去拿那剑，而是缓缓俯身下去，从那人的胯下爬了过去。

在场的众人无不惊愕，甚至是连那群流氓也怔在那里。韩信此时则立起身掸尽尘土，头也不回，扬长而去。

从此之后，那群流氓再也没找过韩信的麻烦。到后来，韩信功成名就之后，又提拔当年的那个流氓做了一个小小的官吏，那人自然是感恩戴德，尽心尽力。

我们试想，如果当时韩信火冒三丈，一怒之下拔剑杀了那个人，那

23

么这必然会发生一场恶战,胜负先且不说。纵使是韩信胜了,那么也免不得要吃官司,平空出横祸,真的可能会是英年早逝,误了锦绣前程。

俗话说得好:"小不忍则乱大谋。"以柔克刚,恰似柔火炼钢,但是总能够把钢烧熔。

曾经有一对小两口总是吵架,想要离婚,但是他们又想:我们这么深的感情,还老吵架,要是离婚找了别人那么岂不是吵得更加厉害。

于是两个人决定以旅游的方式来缓和矛盾,拯救婚姻。当这两个人来到一条南北向的山谷,他们惊奇地发现山谷的东坡长满了松树、女贞、桦树,而在西坡只有雪松,为什么东、西坡的差别这么大呢?他们发现雪松枝条柔软,积雪多了枝条也就被压弯了,雪掉下去之后就又复原了。

而别的树则是硬挺着,最后树枝被雪压断了,压死了。两个人这个时候才明白,压力太大的时候一定要学会弯曲。

此时的丈夫赶快向妻子检讨:"都是我不好,我做得不对。"而妻子一听丈夫检讨了,马上也反思道:"我做得也不够。"于是就这样,双方最终和好如初了。

任何东西过于强大都自然会走向自己的反面,刀再锋利,如果一碰就断,显然也是没有什么用途的。"势强必弱"其实就是这个道理。所以,为了避免失败,一定要学会以柔克刚,让自己处于一种柔弱的状态。

赢在出路 »»»

在生活和工作中,我们难免会碰到一些无事生非,制造谣言,嫉贤妒能,偏听偏信,以及各种以权势压人,施阴谋诡计,欺骗虚伪的人。

而在这些情况下，我们首先要做到心平气和，冷静理智，以己之长，克其之短，以不变应万变。假如你仅仅是凭借一时冲动不计后果去做事情，最终只能够是两败俱伤，反倒过犹不及，悔之晚矣。

随遇而安，以不变应万变

"随遇而安"和"知足常乐"，是两个大家非常熟悉，而且经常使用的概念。其实这两个概念的含义相差无几，它们告诉人们一种处世哲学和生活态度，要求我们在任何环境当中都能乐天知命，安于现状，与世无争，悠然自得，因没有非分的要求而感到满足。

在现实生活当中，也确实有不少人经常用"随遇而安"和"知足常乐"来作为自己与世无争的座右铭，希望自己能够安安稳稳，也希望别人不要前来打扰，能够让自己平平安安地走完一生。当我们询问他们为什么这样，得到的回答通常是："何必呢？不争，也不错，生活照样过得不错。"

我们从心理学上来分析"随遇而安"和"知足常乐"，那么就可以将其看作是人们适应社会的一种方式。

社会适应有两种方式：积极适应和消极适应。

所谓积极适应，就是指个体试图通过积极的努力，增强自己的行为动机和态度，让自己对变化了的环境，获得一种优势的或者是支配性的地位。

所谓消极适应，就是指对变化了的环境采取一种没有摩擦的、简单反应的方式，或者就是随大流，也或者是心甘情愿地让自己处于服从他人的地位，这样的人是没有过高的要求的，有的时候对自己的合理的需要也会采取压抑的方式去顺应他人。

那么,"随遇而安"和"知足常乐"到底应该属于哪一种社会适应呢？不同的人肯定会有不同的回答。

当我们在看到自己的欲望难以满足的时候,人们往往会用随遇而安的心态来遏制那些不切实际的欲望,所以"只知耕耘,不问收获"这样的人就不会欲壑难填,也不会犯人心不足蛇吞象的错误,心态变得非常平稳,日子过得也是幸福太平。

其实,当人们缺乏适应、创新能力的时候,可以用随遇而安这样的心态作为"阿Q精神",来重新平衡自己的内心的矛盾,解除由于欲望得不到满足所带来的痛苦,这样的人是不会自寻烦恼的,更不会自我折磨。

据传天帝在创造蜈蚣的时候,最开始并没有给蜈蚣创造脚,即使这样,蜈蚣的爬行速度照样可以与蛇相比。

后来,蜈蚣看见了羚羊、梅花鹿以及其他有脚的动物都比自己跑得快,于是心里非常不高兴,觉得天帝很是不公平,为什么不多给自己创造一些脚呢,于是蜈蚣就找到天帝理论。

在一番理论之后,没有想到天帝居然答应了蜈蚣的请求,把数不清的脚摆在了蜈蚣的面前,并且让蜈蚣喜欢什么就用什么。结果蜈蚣迫不及待地拿起了这些脚,并且还一只一只地贴到了自己的身上,从头部一直贴到了尾部,直到最后在它的身体上没有任何地方可以贴为止,这个时候蜈蚣才依依不舍地放下天帝给它提供的无数只脚。

蜈蚣看了看自己的身体,觉得非常满意,心想这下自己肯定可以健步如飞了,可是没有想到,它才往前跑了几步,就一连摔了好几个跟头。直到这个时候蜈蚣才发现,这么多脚实在是太难控制了,只有当自己全神贯注的时候才能够控制好,不然一大堆脚就会相互阻挡。

而且这样一来,蜈蚣走得比以前更慢了,而它的心情也变得更加不好，也正是因为此，在民间才会有蜈蚣撒尿咒天，以至于老天爷都用雷公来惩罚蜈蚣的传说。

"知足常乐"看似简单，却是让我们要懂得珍惜眼前，立足现在。

现如今，在竞争如此激烈的情况之下，它还可以成为一些人退出竞争的"理由"，从而减少人际之间的冲突，而其他人也因为看到这样的人无法构成对他利益发展中的威胁，所以也就不会找上门进行挑衅、寻事生端；当然，也有不少人将它作为自己对他人谦让的信条。

所以，我们不能够把随遇而安和知足常乐看成是绝对的消极。

赢在出路 》》》

不管做什么事情，都要善于寻找事物自身的规律。成功的人之所以能够成功，就在于他能够找到生活中的规律，并且掌握规律，因此做什么事情都能够得心应手。我们只要把握事物的规律，而不是一味地考虑得失，那么就能够将事情做得自然和谐。

做事不妨学着走曲线

我们不能够否认，一个把话说得明明白白的人通常是能够给别人留下良好的印象的，而一个明确而坚定的表态更是能够让别人感觉这个人非常自信。但是，如果我们总是把话说得过于绝对，把事情做得过于绝对，不懂得给自己留任何的余地，给别人留退路，那么这就不是明智之举了。

我们身边常常有一些比较谨慎的人，在说话的时候，往往都是选择"模糊表态"的方式，说话委婉曲折，给自己留有余地。

就好比在我们的工作当中，假如领导就某一件事来征求你的意见时；或者是自己的朋友，同事有求于你的时候，你在表明自己主意的时候，千万不要忘记别把别话说得太满。

其实做起来并不难，就拿领导在问你某件事情的意见来说，你在表达完自己的观点最后，不妨加上一句："这仅仅是我个人的观点，最后还是请领导决定。"

如果我们说话的时候能够谨慎一些，当事情办好了之后，大家固然是皆大欢喜，可是如果万一事情出现了问题，那么我们则可以避免一些麻烦。

有一家化妆品公司的产品销售经理，他在对新产品进行市场预测的时候，总是喜欢先召开公司会议，而且还总是会叫上其他部门的领导、员工一起讨论，甚至在有的时候也会在会议结束之后去征求一些优秀人员的意见。

在一次开会的时候，公司里面新来了两位员工马莉和王娟，这两个人在这次会议上表达了自己的想法，结果当时就得到了销售部门经理和公司领导的认可和好评，而且这两个人在阐述自己观点的时候，特别强调，如果按照他们的方法一定可以获得成功。

销售部门经理当时就要求她们两个人写出一份详细的销售计划书，并且还表示公司一定会认真考虑她们两个人的想法。

而这对于马莉和王娟两个刚来公司没多长时间的新人来说，销售经理的这番话让她们简直是欣喜若狂，因为作为新人，这么快就能够获得部门经理和领导的认可，这可真的不是一件容易的事情，这个时候，她们觉得自己表现的机会来了。

可是到了最后，销售经理按照他们两个人的销售计划推出新产品之后，却发现销售情况一直不太好，结果这让销售经理非常的恼怒。

第二章 淡——出世心态，做入世的事情

最后没有办法了，公司决定要调整产品的销售方案，而当公司追究这个问题的责任时，马莉和王娟很自然就成为了公司的"罪人"，结果不但被领导狠狠地批评了一顿，还扣除了季度奖金。

其实，马莉和王娟最大的问题不是说错了话，而是她们不懂得委婉、含蓄。

所以，当别人在征求你意见的时候，甚至是包括阐述自己想法的时候，根据适当的场合可以给自己留一条后路，话不说死，而且最后千万别忘记加上一句"这仅仅是我个人的想法，最终还要您拿主意。"

这样说的话，我们既表达了自己的想法，又可以不承担一些本不应该由自己承担的责任，从而达到明哲保身、留有退路的目的。

当然，委婉、含蓄的说话这也是拒绝别人的最佳方法，因为这样既能够给对方留下了面子，也不会让自己为难。

当别人在寻求你帮助的时候，他的内心肯定是希望你能够帮助他如愿以偿，能够把事情完美解决，可是任何事情都不是绝对的，万一由于一些突发原因而没有帮别人办成事情，就会让他们对你感到失望，从而也就会失信于人，所以最为明智的办法就是别把话说死，学会含糊其辞，做事多走一些曲线。

我们也只有做到这一点，才能够进退自如，避免我们没有帮助别人而影响到自己的人际关系，更不至于让对方对你耿耿于怀，甚至把自己陷入到绝境中。

赢在出路 »»»

俗话说"事情有法，而无定法"，要想做到委婉、含蓄地说话，就要懂得灵活应用，做到该明确表态的时候绝不含糊其辞；而委婉、含蓄的时候不妄断，话不说死。当然，我们想要完美地做到这一点并不容易,这就需要我们在平时要重视锻炼和培养自己的判断能力、分析能力。

要有所为,有所不为

想要获得某种超常的发挥,那么就必须扬弃许多东西。中国有句俗话:"有所为而有所不为,有所得必有所失。"

一个人什么都想得到,那么只能够成为生活的侏儒。盲人的耳朵最灵,就是因为眼睛看不见,所以他必须竖着耳朵听,时间一长,耳朵的功能也就达到了超常的程度。

生活就是这样,当你的某种功能充分发挥的时候,其他功能可能就会相对地退化。

世间行业千千万万,任何一种行业做好了都能够取得成功。在每一天,都有企业垮台、破产,而每天也有同样会有新的企业诞生。经营任何一种行业的商人,你应该经营你所熟悉的主业,并且把它研究深、研究透,这样才能够成为该行业当中的翘楚。

作为一个成熟的经商者,你也要学会舍弃,那些你不熟悉的行业,千万不要轻意地进入,别人在赚钱,你更不要眼红心动,不然的话,今天的投资很有可能就意味着明天的垮台。

很多人一直梦想着能够拥有一份好工作,而这份工作最好是能够带来财富、名声、地位,为人称羡的。可是事实上,在激烈的市场竞争当中,已经没有哪一个行业是真正的热门行业,不管是何种工作,也都是无法提供完全保障的。

那么怎么样才能够以不变应万变,获得一份较为实际,同时又富含理想色彩的工作呢?以下的这些建议,你不妨试一试:

第二章 淡——出世心态，做入世的事情

第一，放长线钓大鱼。

求职就业，你千万不要总是盯着"热门"。过去说的三百六十行，现在的行当更多了，但是没有一种是永远的热门职业。特别是随着社会的变迁，旧的行业在不断消失，而新的行业又不断产生。

在近10年当中，就业市场当中不知道冒出了多少新兴行业，像投资顾问、房屋中介经纪人、自由职业者等，这些都吸引着大批就业人口。而一种新兴的职业之所以能够在就业市场当中独领风骚，这是与社会经济发展和人们就业观念的转变息息相关的。在刚刚开始的时候，它也许并不是热门，只是因为追求的人多了，才成为了时尚。而如果你这个时候想进入该行业，那么就应该充分考虑你的兴趣、能力，你的就业磨合期、收益时限以及这一职业的未来前景。

其实，现如今整个社会对于"职业贵贱"的观念愈来愈淡，那些过去被人视为"下等人"的工作，现在反而更能够锻炼人的本领，更能够充分发挥出个人的潜力。

西方国家的许多大学毕业生，在一开始并没有多少人是按照专业对口工作的，很多人都从推销员、收银员，甚至是在餐厅里打工起步的，之后才一步步地走上较高岗位。

第二，个人主导生活。

为了能够求得一份收入丰厚的工作，很多人都舍弃了个人的兴趣追求。工作的时候往往超负荷运转，个人的空间极小。

我们从社会对劳动力的不同需求来看，这种选择其实也无可厚非。但是，这样往往并不是人们心目中最理想的选择。赚钱当然是必要的，但是人们除了工作之外，对其他事物也应该有所追求，比如：自由的时间、良好的健康、满意的人际关系和幸福的家庭，等等。换句话说，我们每个人除了追求金钱之外，还有很多可以追求的东西，名与利仅仅是我们生活中的一部分，而绝对不是我们生活的全部。

赢在出路 》》》

相对自由、能够充分地发挥个人聪明才智的工作将越来越成为人们的首选择业目标。但是，对于我们能力所不能及的工作，我们一定要做到有所为，有所不为，只有这样，才能够给自己一个合理的定位，认清自己，找准方向。

为人处世先要具有出世心态

我们每一个人应当以出世的心态立身，而以入世的心态做事。

儒家历来都被视为是入世的代表。孔孟思想也一直主张"仁义道德"和"修身齐家治国平天下"，其实这些都是积极入世的修行。孔子甚至说："富而可求也，虽执鞭之士，吾亦为之。"孔子周游列国十四年不为所用，也要"知其不可为而为之"。

道家则也是"出世"的代表。老子和庄子的思想当中都贯穿了"无欲"和"无为"的哲学，说"丧己于物，失性于俗者，谓之倒置之民"。曾经老子倒骑黄牛出走函谷关，庄子则以一阙《逍遥游》特立独行于世间，而这些都是他们出世思想的集中体现。

两千多年前的哲人老子就说过："万物并作，吾以观复。"老子的意思是：你看，当今这个世界真是太让人难以理解了！什么奇怪的事情都出现了！但是我只把它当成是大自然的轮回，在纷乱之后，一切总是会回到它原本的自然状态的！

可见，我们每一个人都应该"以出世的心态做入世的事情"，在世俗当中尽自己最大的努力，来成就自己的出世。

换句话说，也就是在当下生活当中回归人的本性，从而获得出世与

第二章 淡——出世心态，做入世的事情

入世的双圆满、大圆满！

所谓"以出世的心态做入世的事情"其实就是放下心中的妄想执著，能够以真我的生活态度，在世俗的生活当中专注做好当下的一两件事情！

我们每个人都有一个属于自己的精神家园，在失意的时候躲起来，自我安慰，自我解脱。等到疗好了伤口之后再重出江湖，或者是从此看破红尘，一辈子隐居在此处。

其实，从古至今叫人成熟和解脱的哲学，可以分为两种，一种是入世的，一种是出世的，入世的哲学主要是教你如何树立理想，如何不懈奋斗，怎么取得成功，怎么融于社会，怎么与人相处，怎么能够在这世间活得更好、更快乐，而出世的哲学，同样是教你如何快乐和逍遥，但是它有一个大的前提就是避开世俗的一切纷纷扰扰。

不管是哪一种，只有你能领会当中的精髓，那么你的生活肯定会是风生水起的。怕只怕，我们有的人从小就接受的是介于两者之间的，换句话说，这两种哲学都深深的潜移默化的影响着你。

赢在出路 》》》

对于我们曾经犯过的那些错误，很多人会刻意躲避，更多的人会选择茫然地站到一边。这样其实等于我们又错了一次，如果不想那样，那么从现在开始，就应该去尝试一种崭新的方式，那就是用出世的心态，去做好你入世的事业。

以柔曲的姿态不断前进

常言说得好："花要半开，酒要半醉"，其实说的就是每当鲜花盛开娇艳之后，不是立即被人采摘而去，就是自我衰败的开始。

人生在很多的时候也就是这样，当你志得意满时，千万不要趾高气扬，目空一切。而是该"打太极"的时候就"打太极"，为人处世留下余地，正所谓：给别人留条后路就是给自己留条后路。

宋代的吕蒙正，每当遇到与人意见不同的时候，他必定会以委曲婉转的比喻来晓之以理，动之以情。正是因为他的胸怀宽广，气量宏大，拥有大将风度，所以皇帝对他非常信任。

而当吕蒙正初次进入朝廷的时候，曾经有一位官员指着他说："这个人也能当参政吗？"

吕蒙正却假装没有听见，付之一笑。

他的同伴却为此而愤愤不平，想要质问那位官员叫什么名字。吕蒙正马上制止他们说："一旦知道了他的名字，那么我这一辈子也忘不了，还不如不知道为好。"

在朝的官员非常佩服他的豁达大度。到了后来，那个官员亲自到他家里去致歉，并且结为了好友，相互扶持。

吕蒙正这样做显然是非常聪明的，为人处世，该敷衍的时候就应该敷衍，这其实就是一种君子的风度，而且还显示出了一个人博大的胸襟和深厚的修养。

洪应明在《菜根谭》中说："文章做到好处，无有他奇，只是恰好。"才智的使用也是如此，用至好处，更应该适当。如果带着几分愚笨，那么就是天下的大智慧了。

不知道大家是否还记得《水浒》当中武松醉打蒋门神的片段：武松手握酒杯，仰脖而干，身子是东倒西歪，步履轻漂虚浮，蒋门神于漫不经心之际，鼻梁突着一拳，而还没有回过神来，眼额又遭一腿……当其终于醒悟这绝非是酒鬼的"歪打正着"的时候，其已经受重创而无还手之力了。

其实武松所用的"醉拳"，在表面上看起来跌跌撞撞，踉踉跄跄，不堪一推，但是醉醺醺之中却暗藏了杀机，而就在你麻痹大意之时，却已经被打趴在地。

玩"醉拳"就如同中国传统武术中的"太极"，虚中有实，实中有虚，而这才是真正迷惑对手的手段，人生其实也是这样，要学会半醉半醒。

一个才智出众的人，应该是聪明不露，才华不逞，深藏若虚。如果自以为了不起，过分炫耀自己，那么表面上看来好像很聪明，其实却有点近乎无知，这样的人又怎么不会失败呢？

其实，在为人处世方面我们也应该这样，留一点缝隙，也就是等于为自己留一条后路。如果我们时时处处工于算计，事事锱铢必较，凡事不允许半点敷衍，不能够让自己牺牲一点利益的话，那么人与人之间的关系，肯定就会出现剑拔弩张的局面。

在生活当中，经常有一些人就好像刺猬一样，小肚鸡肠，无理争三分，得理不让人。如果是遇到重大的是非问题，自然应当不失原则地论个青红皂白，甚至为追求真理而献身。但是对于一些小事，我们还应该礼让三分。

赢在出路 »»»

朋友之间常常因为一句闲话争得面红耳赤，形同路人；邻里之间因为孩子打架导致大人拌嘴，老死不相往来；夫妻之间因为家庭琐事同室操戈，劳燕分飞，等等，不一而足。因此，该敷衍处且敷衍，否则结果就是在难为自己。

主角、配角都要扮演好

罗格亚先生是一个工作非常努力,也很有才华的人,大家也都知道他很想升为部长,同时也都认为他有胜任部长的能力。

公司董事会也对罗格亚先生的成绩非常认可,最后真的提升他为部长。这样一来,罗格亚先生工作更加努力了。

大家看见他每天办公、开会,忙进忙出,兴奋当中难掩骄傲的神色,大家心中都替他高兴,也祝贺他更上一层楼。

可是过了一年时间,公司的人事发生了变动,罗格亚先生下台了,被调动到其他部门当专员。

得知消息的那天,罗格亚先生关上了办公室的门,一整天都没有出来。在当了专员之后,大概是难忍失去更大舞台的落寞,他逐渐变得消沉起来,到了后来成为了一个愤世嫉俗的人,再也没有晋升过。

事实上,在我们的人生舞台上,上台、下台这本来就是平常。如果你的条件适合当时的需要,那么当机缘到来,你也许就走上了舞台。

要想在舞台上演得好,演得出色,就需要你有一份淡定的心态,以及对自己有一个清晰的认识。

上台当然自在,可是下台呢?难免会神伤,这些都是人之常情,但是我们还是应该争取做到上台下台都自在。

就好像我们一生当中无法避免上台下台一样,由主角变成配角也一样是难以避免的。真正演戏的人可以拒绝当配角,甚至可以从此退出那个圈子,但是在人生的舞台上,要退出并不容易,因为你需要生活,这就是现实。

第二章 淡——出世心态，做入世的事情

因此，由主角变成配角的时候，我们没有必要去悲叹时运不济，更没有必要怀疑有人在暗中捣鬼。你要做到的也就是平心静气，好好扮演自己配角的角色，从而向别人证明你是主角、配角都能够演好的人！

当然这一点是非常重要的，因为如果你连配角都演不好，那么怎么去让别人相信你还能够演好主角呢？这个时候，我们一定要调整好自己的心态，如果自己开始自暴自弃，那么到最后你即使勉强可以留在舞台上，但是也必将会沦落为"跑龙套"的角色，如果人生到这样的地步就非常悲哀了。

如果能够扮演好配角，其实我们一样能够获得掌声，假如你还具备演主角的实力，那么自会有再度独挑大梁的一天！

与此同时，你的这种机智做人的弹性也必将赢得别人对你的尊重，因为没有一个人会欣赏一个自怨自艾又自暴自弃的人！

曾经有一个女子，她出身于一个平常的家庭，做着一份平常的工作，嫁了一个平常的丈夫。总之，她的一切都很是平常。

突然有一天，她居然被一个导演看中了，让她饰演一部戏中的王妃，从而她开始了"王妃"的生涯。

演戏对于她来说真的太艰难了，女子阅读了许多有关"王妃"的书，并且细心揣摩"王妃"的心思，重复"王妃"的一颦一笑、一言一行……

最后，她终于能够驾轻就熟地扮演"王妃"了，进入角色也不再需要花费太多的时间。

但是，糟糕的是，现在她想要回到之前那个平常的自己却非常艰难。不管是戏里戏外，她都会流露出"王妃"的姿态，甚至在家中对待自己的丈夫和孩子也是这样。

每天早上醒来，她都必须一再提醒自己"我是谁"，以免防止毫无

来由地对人"摆气势";在与善良的丈夫和活泼的女儿相处的时候,她也必须一再告诫自己"我是谁",以免莫名其妙地对他们喜怒无常。

正是因为她能够演主角,也能演生活中的配角,才不会让她尴尬地无法找回自己。

赢在出路 》》》

人生的际遇是变化多端,难以预料的,起伏难免,有的时候想逃都逃不掉。遇到这样的情况,就应有上台下台都自在,主角配角都能演的心情,这才是面对人生一种能屈能伸的弹性,而你的这种弹性,不仅仅会为你的人生找到支点,也会给你带来再一次放光芒的机会!

掌握好"方圆处世"的火候

我们每个人生活在这个世界上,无非是面对两大世界,身外的大千世界和自己的内心世界。人,一辈子无非也就是做两件事情——做事和做人。那么我们应该怎么做事和怎么做人呢?从古到今这是人类一直探讨的课题。甚至有多少人一辈子都在感叹做人难,难做人,人难做,其实,一枚小小的铜钱就能够把这一切变得简洁和明白。

首先是"方",做事要方,具体说就是做事要遵循规矩,遵循法则,千万不能乱来,更绝对不要越雷池一步,这一理论已经在中国流传了上千年。中国人经常说"没有规矩不成方圆"、"有所不为才可有所为",其实说的就是"方"这个道理。

每一个行当都有自己绝对不可逾越的行规。比如说做官就绝对要奉守清廉的原则,从一开始就一定要做好承受清贫的思想准备。记得在曾

第二章 淡——出世心态，做入世的事情

国藩家训"八不得"当中有一条："为官要清，贪不得"。如果做官开始的动机就不单纯，或者慢慢变质，企图以权谋私或者是权钱演变，那么这个官是绝对当不好的，更是当不长的。

为商要奉行的金科玉律就是一个"诚"字。真正的大商人必定是以诚行天下，以诚求发展，绝对不会行狡诈、欺骗之类的伎俩，不会为了一些蝇头小利或者是眼前得失而失信于天下。

做学问信奉的就是一个"实"字。一步一个脚印，一天一点点进步，这样才能够积少成多，积薄成厚。而那些虚假的沽名钓誉之辈也终将成为人类的笑柄。

做人要圆。这个圆绝对不是圆滑世故，更不是平庸无能，这种圆是圆通，是一种宽厚、融通，更是大智若愚，与人为善，居高临下、明察秋毫之后，心智的高度健全和成熟。

能够做到不因洞察别人的弱点而咄咄逼人，不因自己比别人高明而盛气凌人，在任何时候，也不会因为坚持自己的个性和主张让人感到压迫和惧怕，在任何情况都不会随波逐流，一定要潜移默化，并且又做到绝不会让人感到是强加于人。这自然需要极高的素质，很高的悟性和技巧，这其实就是做人的高尚境界。

圆的压力最小，圆的张力最大，而圆的可塑性是最强的。

圆其实好做，但是又不好做。好做是因为如果人真正有大智慧、大胸襟，真正能够自强自信，心态平和，心地善良，并且任何事情总是往好的一方面想，那么任何事情都能站在对方的立场为他着想，对他人的弱点也能够原谅，即便是遇到恶魔也可以坚信自己道高一丈。如果真的能够做到这样，那么人还有什么做不好呢？

可是如果不是这样，那么内心孤独的人必定喜欢虚张声势，而内心弱小的人也必定喜欢狐假虎威，心中有鬼的人必定喜欢玩弄伎俩，没有自信的人必定会尖酸刻薄，试问，这样做人又从何谈圆呢？

当然，也不乏有为了某种利益和目的而不惜敛声屏息，不惜八面讨好，不惜左右逢"圆"。但是这种"圆"和那种"圆"绝对是有本质区别的，这种"圆"的后面所显示的则是虚伪和丑恶。

任何成功的后面其实都包含着牺牲。如果说有人能够做到内方外圆的话，那么他肯定也是做出了许多的牺牲。例如说做事要方，做事要有规矩、有原则，这样就意味着许多事情不能做、许多事又非要做，那么自然也会得罪许多人，惹恼许多人，也意味着要舍弃许多利益甚至招来杀身之祸。

做人圆，那样也会有牺牲。有的时候要牺牲小我；有的时候要忍辱负重，忍气吞声；还有的时候更多的是要承受屈辱、误解，甚至是来自至亲至爱的人的伤害。例如，明明你是在履行一种神圣的职责，但是别人却认为你是好大喜功；明明你是在深谋远虑，但是他却认为你是哗众取宠。

俗话说："小牺牲换来小成功，大牺牲换来大成功。"能够做到"方""圆"的同时，并没有感到那是一种牺牲、痛苦的，这才是大成功、大境界；能够为了"方""圆"去承受牺牲的是小成功、小境界；而不愿意牺牲也做不到"方""圆"的，就是不成功。

假如截然相反，做事是圆，只要有利，不择手段，什么都敢干；做人是方，刁钻古怪，锋芒毕露，心狠手辣的话，那么这个人一定会糟糕透顶，不能容于天下。

赢在出路 》》》

做人一定要方圆有度。为什么铜钱是内方外圆？这就是中国辩证哲学的集中体现，做事要方，做人要圆。

第二章　淡——出世心态，做入世的事情

把烦恼驱除心外，避免烦恼变心病

　　人的所有烦恼与苦闷皆由心生，想要快乐轻松的生活，就必须乐观的面对一切。所以，在驱逐烦恼这方面，可以不断的尝试运用快乐调节法，并且还要尽可能的避免过多的烦恼演变成严重的心理疾患。

　　人的心理状态有两种比较典型且最为基本的类型，一种是乐观的积极心理，具体表现有开心、高兴、快乐、兴奋等因素。另外一种就是悲观的消极心理，具体表现有失望、失落、沮丧、悲伤、难过等因素。这些都足以影响到我们的生活方式。千万不要因为一点点的小事悲伤难过，以至于影响一整天的好心情。

　　一天午后，又黑又瘦的杰克低着头来到了一个小酒吧，只见他眉头紧锁，一副很不开心的样子。于是他坐在吧台前面，点了好多瓶酒，还让服务生帮他打开，之后便闷着头独自喝起了闷酒。一位服务生见状，便走上前轻声问道："先生，您有什么烦心事吗？"

　　杰克抬头看了服务生一眼，神情沮丧地说："上个月，我叔父心脏病复发，因抢救不及时去世了。但是，可怜的他没有妻子，也没有孩子，所以，在遗嘱中，他将自己名下的5000张股票，全部留给了我！"

　　服务生听后便耐心的安慰杰克说："对于你叔父的离世，确实让人觉得遗憾。但是人死是不能复生的，而且，你还继承了你叔父这么多的股票，也应该不算是一件非常糟糕的事情吧！"

　　但是杰克突然大声叫道："事情并不是这样的！刚开始我也以为是件好事。但问题是，这留给我的5000张股票，全部都是面临融资催缴、准备断头的股票啊！"

41

看到这里，也许会有很多人的心情也像杰克那样，在一阵惊喜之后又跌落到现实的泥坑中难以自拔。确实，在很多时候，我们还没来得及反应的时候就已经从反反复复的情感变化中进进出出了好几遭。但是，无论遭遇了多大的不幸，都应该学会去正视自己所处的环境，用一种积极的心态去面对，即使真的遭遇了杰克一样的境况，只要能够妥善应对，相信终究会等到"解套"的那一天。

其实，天底下根本就不存在绝对的好与绝对的坏。所有的事情本身都有其存在与发生的相对性，而人们口中常常提到的好与坏，只是每个当事者所抱持的态度不同而已。如果一个人始终持有负面情绪，每天都活在烦恼与自责当中，即使让他中了彩票头等奖，拿个1000万，相信他也只能整日活在担心与害怕中，对他来说并不见得就是一件好事。

如果因为自己不小心，手指扎了一根刺。你就应该高兴地说出来："幸亏不是扎在我的眼睛里！感谢上天！"所以，请时刻记住：你有将烦恼赶走，让自己变得快乐起来的特殊权利！

美国医学界的专家们做过这样一个实验，他们会让一些抑郁症患者根据病情的不同程度服用不同量的安慰剂。这种安慰剂呈粉末状，它是用水和糖在加上另外的某种色素配制而成。当患者服用了药剂之后，他们相信这种药效能够起到一定的作用。也就是说，不同的患者，如果对安慰剂的服用持一种乐观态度的时候，治疗的效果就会比较显著。而那些持有悲观态度不相信药效的话，他们的状态也就与乐观者呈完全不同的状态。这也是得到证明的，因为烦恼与悲观均是由精神层面引起的不可抑制的内因起到的作用。

一位粗心大意的铁路工人，因为自己一时的疏忽，竟将自己意外地反锁在一节冷冻的车厢里。在他的意识里，他清楚地知道自己是被牢牢地锁在了冷冻车厢里，一般情况下，这边很少有人来，所以，这次自己肯定是死定了。于是他无数次的懊恼不已，后悔自己当时不应该一个人进来，咒骂自己为什么当初不知道把门锁划上去，这样也不至于把自己反锁在里面。一直就这样，烦呀烦呀烦……

不知过了多少个小时，冷冻车厢再次被人打开之后，发现这个人已经死了。可是，经过仔细检查了之后，发现这节冷冻车厢的冷冻设置并没有打开。但是，那位工人确实是死了。后来经医学研究发现，他的死因竟是因为他自己不断地烦恼，过于自责，以至于长时间的郁闷造成了严重的心理伤害，最终也自我放弃了求生的意念，就这样，那位工人在自己制造的极度悲伤中慢慢死去。

多么可怕的意念伤害！坎伯曾经写过这样的一句话："即使我们无法矫治这个苦难的世界，但我们仍能选择快乐地活着。"

赢在出路 »»»

坚持乐观主义的人总会为自己假设无数种成功的可能，他们积极乐观地做事，心中不存放任何的烦恼，轻松上阵。而始终悲观的人，他们总是带着忧虑上阵，沉重的思想压力总是压的他们喘不过气来，还没出发就已经远远的落在了别人的后面。这样的状态还怎样更好的去奋斗，取得最终的胜利。

时刻保持淡然心境，
闲看庭前花开花落

人们常常把宽广的胸怀比作大海，广阔的胸怀不但能广纳百川之流，亦不拒暴雨和冰川；也有人将耐性比作弹簧，不但具有能屈的柔性亦有拉伸的韧性。谁如果想要在困顿与厄运面前得到及时的援助，就应该时刻让自己保持淡然的心境。因为平时的宽以待人不但可以让自己变得恬静，同时也能让别人感受到温暖。

人与人之间的相容接纳，让更多的个体团结起来，让大家在顺利的时候一起奋斗，在困难的时候共患难，从而不断加大成功的筹码，以便创造出更多的成功机会。纵观古今中外，大凡一些胸怀大志，目光高远的仁人志士，无不以大度为怀；反之，鼠目寸光、斤斤计较，无心的一句话也耿耿于怀的人，没有哪一个能成就一番大事业，没有一个到最后能有所作为的。

我国著名的文学家郭沫若本身就是一个大度的人。他虽与鲁迅之间"曾用笔墨相讥"，但是在鲁迅逝世后，他不但没有趁"公已无言"时前来"鞭尸"，而是勇敢地站出来捍卫鲁迅精神，同时还对自己以前与鲁迅的"偶尔闹孩子气和拌嘴"，而"深深地自责"。他也曾经诚恳地表示："鲁迅先生生前骂了我一辈子，先生死后，我却要恭维他一辈子。"其流露出来的真情值得敬佩，他的言辞也十分感人。

豁达大度要求的是人们不断地控制自己的私欲，而不是为了一己之利去争、去抢、去斗，也不能为了过分的炫耀自己而贬低他人。尽量地要求自己不要过分的用苛刻的标准去要求别人，尽量地做到尊重人家的自由权利，学会更多的理解、包容他人的优点，甚至是缺点。大度的人，才能拥有良好的人际关系。当遭受别人的误会或者指责时，一定要冷静对待，而不是一味地向别人解释，如果坚持的话，只会让事情越闹越大。最好的处理矛盾的方法是，把自己的心胸调适到一种完全放松的程度。

每个人都应当培养自己广阔的胸怀，宽大的气度。就像大河里生活的鱼，它们不会因遇到一点风浪就会惊慌失措；而小溪里的鱼则完全不

第二章 淡——出世心态，做入世的事情

同，一旦出现细微的异常它们就会吓得四处逃窜。人也是一样，心胸宽广的人，一般不会因为外物的干扰有所动摇，而对于那些胸怀狭窄的人来说，他们没有丝毫的气度，经常争先恐后地与他人计较一些蝇头小利。

早市上，水果摊主刘杰一大清早就遇到了一位比较难缠的顾客。"这水果这么烂．一斤还要卖50元吗？"只见这位客人一边说着一边顺手拿起一个水果左瞧瞧右看看。

刘杰争辩道："我这水果已经是相当不错的了，不然您可以再到别家看看。"

这时的客人又开口了："一斤40元吧，你要是卖40元的话，我就多买一些，如果不少钱，那我就不买了。"

刘杰也不生气，他还是耐着性子微笑着对那位顾客说："先生，如果以40元的价格卖给你，那么我怎么向刚刚买我水果的客人交代？"

客人依旧是那句话："可是，你的水果真的很烂。"

刘杰还是微笑着对顾客说："怎么会呢，只是偶尔的会出现一些小小的刺伤，可是那一点都不影响口感的。"

不管客人的态度如何恶劣，刘杰始终面带微笑，而且他的笑是发自内心真诚的笑，笑的是那样的亲切。

那位挑肥拣瘦的顾客终于没能拗得过刘杰，终了，还是以刘杰给出的价格买到了苹果。而一直在旁边的另外一家水果摊贩问刘杰："那人如此难缠，你为什么不烦呢？也不尽快将他顶撞回去，他那么挑剔，你居然都能忍受得了？"

刘杰依然笑着答道："只有真正想买东西的人才会不断地指出东西的缺点。我如果因为没有耐性，用几句狠话将他顶撞回去的话，他就不可能成为我的顾客。"

这个小故事中的水果摊贩刘杰正是用自己热情的态度巧妙地处理了自己与刁蛮客户之间的关系。他丝毫"不在乎"顾客的批评，虚心接受来自对方地责难与挑剔，而且他一点也不生气。也许生活中的我们并不能做得像刘杰一样好，一旦遭到别人的批评或者只是无心的一两句话，都足以让我们感到气愤与难堪，更不用说能用微笑来对待了。

赢在出路 》》》

做人就应该豁达一些。只有做事地从容不迫，才能在慌乱中，做到从容自如；在忧愁中，为自己增添些许的欢乐；艰难时，学着努力顽强拼搏；得意时，低调做事，保持言与行的正常；胜利时，也不会过分沉迷于胜利的喜悦当中，不会为芝麻般的小事而忙得团团转。尽量将自己的目光投向生活中具有深度和广度的方向，稳重地做事，从容不迫地做人。

第三章
忍——一时忍让,造就长远的发展

对于成就大事者来说,忍辱负重是成就事业必须具备的基本素质。孟子曾经说:"天将降大任于斯人也,必先苦其心志,劳其筋骨,饿其体肤,空乏其身。"可见,能够在各种困境中忍受屈辱是一种能力,而能在忍受屈辱中负重拼搏更是一种本领。不忍小则不能成大谋,凡成就大业者莫不明白此理。

不争而争，来一个后来居上

　　暂时受点委屈并不是逆来顺受，也不是不知所措的结果，而是一种主动收缩或者是战略调整，忍而后发制人这是获得成功的关键。

　　不管是大人物成就伟业，还是小人物做出一番事业，都离不开忍耐，忍耐是成功过程当中不可或缺的一种手段，甚至可以说在同等条件之下，并不是比谁的智力更高，而是看谁的忍耐力更强。

　　在前进的道路上，有障碍是难免的，而且在必要的时候，我们必须学会变通，"退而求其次"。我们千万不要觉得这是退缩，这是积累能力，也是为取得成功的必要的准备工作。

　　忍耐的过程恰恰是对自己能量的积蓄过程，这是为了获得了解对方的时间，忍耐的同时也给了我们赢得思考对策的时间。

　　刘鹏大学刚刚毕业，便到了一家出版社做编辑，他的文笔不错，而且更加可贵的是他的工作态度特别端正。

　　当时，出版社正在进行一套丛书的编辑工作，每个人都非常忙，但是，老板并没有增加人手的打算，而编辑部的人还被派到发行部、业务部帮忙。

　　整个编辑部，只有刘鹏一个人接受了老板的指派，而其他的人都是去了一两次就开始表示抗议了。

　　刘鹏说："没关系，我可以接受指派，吃亏就是占便宜嘛！"可是，事实上他也并没有什么便宜可占，因为他不仅要帮忙包书、送书，就好像是一个苦力一样，而且还要任人随意指挥。

　　到了后来，他又去业务部，参与直销的工作。除此之外，连取稿、

第三章 忍——一时忍让，造就长远的发展

跑印刷厂、邮寄等工作，只要是开口要求，刘鹏都会乐意帮忙。

当时出版社有人在背后叫他"傻子"。可是他知道后却是一笑了之，装作不知道。

两年之后，刘鹏居然自己也成立了一家出版公司，而且做得非常不错。原来他是在做"傻子"的时候，把那家出版社的编辑、发行、直销等工作全部都搞清楚了。

如果刘鹏当时没有坚持忍耐下去，而是和跟其他人一样，那么他一定不会有后来的成绩和自己的公司。职场当中，往往有很多表面上看起来是吃亏的事情，比如工作的调动，环境的变迁等。当我们面对这些事情的时候，我们首先应该做到泰然处之，心胸开阔，目光放得长远一些。看这些事情对自己的长远发展是否有利，千万不要去逞一时的匹夫之勇。

正所谓"将欲取之，必先予之"。暂时的忍耐，一个必要的妥协，这其实是一种大的智慧。罗素曾经说："希望是坚韧的拐杖，忍耐是旅行袋，携带它们人们可以踏上永恒之旅。"成功是许多忍耐的总和。伟人的特征之一，就是比平常人更加会忍耐，小不忍则乱大谋。当然忍耐是需要勇气的，更需要智慧，以及信念和力量。

不懂得忍耐只会让你因小失大，而懂得忍耐的人则会明白，多一份忍耐，世界也就将变得更加绮丽，多一份忍耐生命就会变得更有意义。

那么，我们为什么要逞一时之气，而让别人，甚至是让自己陷入困境呢？你应该相信，是乌云总是遮不住太阳的，是金子在任何地方都是会发光的，忍耐总是与成功相依相伴的，只要跨过这一步，那么，你就可以踏进成功的领域。

在人生的旅途当中，总是会有磕磕绊绊、风风雨雨，而为了辉煌的事业，为了我们远大的理想，你一定要学会忍耐。

也许你仅仅只是有一腔热血、一份豪情，也许你会踌躇在黎明前的黑暗当中，长时间见不到曙光，但是你只要坚持在忍耐当中努力奋斗，能够在忍耐中坚强，在忍耐中成长，那么相信总有那么一天，你一定会迈向成功的。

忍，不意味着是害怕，胆小，无能。实际上，忍是人生智慧当中不可缺少的。忍更是一种心法，一种涵养，一种美德。忍不是怯弱的借口，而是强者的胸襟。只要有忍，就能够积蓄力量，以静制动，后发制人；只要有忍，我们才能够退思吾身，完善自我，高风亮节，以德服人；只有忍，才能够顾全大局，使事业顺利；只有忍，才能够与人为善，化解、消除各种矛盾和不利因素。

赢在出路 >>>

忍耐是一种执著，是一种谋略，是一种意志，是一种修炼，是一种信心，是一种成熟人性的自我完善。不善于忍耐的人，遇到事情不顺的时候，便会拍案而起，拂袖而去，显得非常痛快，但也许会因此失去永远的机会。

好汉宁愿吃眼前亏

俗话说："好汉不吃眼前亏。"这句话表面上听起来不错，但是从另一个角度来看，眼前不吃亏的人很有可能会吃身后的亏。

聪明的人越来越多，只占便宜不吃亏的心理也日益严重，如果一点亏都不吃，那么人与人之间就会因为一点点小事而争吵不休，甚至会因为一点点的小利益而明争暗斗，搞得自己的生活烦恼不断，工作更是疲惫不堪。

第三章 忍——一时忍让，造就长远的发展

刘裕是一位汽车推销员，他为人谦和，业绩优秀，深得领导和同事的喜欢。

2008年全球金融危机，刘裕所在的公司不但没有受到丝毫的影响，反而还扩大了公司的规模。

由于原来的办公室地方不够，公司搬到了北京郊区的一所高档写字楼。而刘裕也由于工作地点的变化，便打算重新找一个住处。

利用休息的时间，刘裕用了一天半的时间，终于找到了一所非常不错的房子，这套房子是一个两居室，外面是一个大间，里面是一个小间，大间不仅采光非常好，而且还宽敞明亮。于是，刘裕就决定把这个大间租了下来。

刘裕交完房租之后，便回家去搬东西了。他前脚刚刚离开，后脚就又来了一位租房的人，这人是一位画家，而且还是一位编剧。画家看完了这套房子之后，当然也是喜欢上了外面的大间。

而房东告诉他，这个大间刚刚租出去，如果想租只能够租里面的小间了。画家想了想，还是交了房租，租下了里面的那个小间。

而接下来，画家则找来了几个朋友，迅速地将自己的一堆东西都搬到了里面的大间。正在他们搬得热火朝天的时候，刘裕赶到了。

当他看见画家占了自己刚租的房子，心中难免会有些不高兴。这个时候，画家走了过来，对他说："兄弟，实在是不好意思。你看，我的东西比较多，而且还需要摆画架，我能住这个大间吗？我这次是来郊区采风的，最多住上两三个月就走了。"

这反而让刘裕有点为难了。如果不同意，人家已经把东西给搬进来了；如果同意，自己实在是不喜欢里面的小间。

更何况，自己已经把大间的房租交了，结果反而自己住小间，这样不是太吃亏了吗？思考再三之后，刘裕还是答应了。画家显得非常高

兴，当晚就请帮他搬家的朋友和刘裕一起大吃了一顿。

再到后来，刘裕发现这位画家确实不简单，不仅认识很多国内的著名画家、编剧，而且还与许多著名的导演都有来往。

由于刘裕刚开始把大间让给了画家，所以画家对刘裕的印象非常好。于是，他就主动介绍了许多文化界和影视界的名人给刘裕认识。

就这样过了两个月，突然有一天，画家找到刘裕，催他和自己一起搬家。结果这下又让刘裕懵了，他赶紧问画家是怎么回事。画家笑着对他说："我的一位朋友要出国了，留下了一套三居室的房子没有人住，他请我住他那儿，顺便帮他看房子。我想三个屋子，我一个人住，也没什么意思，你同我一块去吧。"

就这样，刘裕在画家的朋友家中住了一年，画家不但没有收刘裕一分钱房租，而且还介绍了更多的朋友给刘裕认识。

又过了一年，画家打算开一家公司，并且邀请刘裕做自己的第一助理。

在故事当中，刘裕最初将大间让给画家，看起来好像是吃了很大的亏，但是到后来我们却发现，他居然换来了如此大的收益，这可能是让很多人都想不到的。

试想，如果当时刘裕据理力争，寸步不让，那么最后有可能自己还会住大间，但是却因此失去了画家的情谊。

其实，生活就是这样，你敬别人一尺，别人会敬你一丈。你吃一点眼前的小亏，往往就会换来长久的收益。在很多时候，吃了眼前亏，看起来可能很是窝囊，甚至得不偿失，但是结果却经常会给你带来意外的惊喜。

而且，从许多商人成功的经历来看，吃下眼前的亏，这是一种绝妙的经营策略。吃亏在很多时候是一种商业上的深谋远虑。而对于商业上

第三章 忍——一时忍让，造就长远的发展

的得失，我们一定要站得高，看得远。千万不要为了一点眼前的利益而让自己丧失了长远利益。

所以，吃得眼前亏这不仅仅是一种大度，更是一种智慧，那些生意兴隆，获得成就的人，都是能够吃得起眼前亏的人。

赢在出路》》》

一个肯于吃亏的人，君子则会认为你有修养；而小人也会认为你为人实在、可靠。不管是什么样的评价，他们都愿意把你当成是可交之人。如此一来，你就真的能够做到"海纳百川、有容乃大"了，不仅君子敬重你，小人也拥戴你。

小不忍则乱大谋

中国有句俗话说得好："留得青山在，不怕没柴烧。"有的时候，我们不要过分去计较面子、身份以及一些名利上面的得失。更不要动不动就想着急于出头，虽然有的时候你可能会沉不住气，但是只要你能够忍一时之气，那么自然会等到自己出人头地之日的。

"小不忍则乱大谋"对于那些取得大成就、有大抱负的人来说，他们总是不去斤斤计较一些个人的得失，更不会在一些小事上面纠缠不清，他们自己有着开阔的胸襟和远大的志向。而也只有这样，他们才能够成就了如此伟大的事业。

其实，在大多数情况下，我们忍受失败的目的就是为了日后的东山再起，一个人如果想要有所作为，那么首先一点就是必须做到头脑冷静，千万不能够逞匹夫之勇。

53

著名华裔张荣友发家经历，我们看完了虽然觉得没有多么的屈辱艰难，但是我们也能够从中看出"忍"的大智慧。

张荣友从小就生活在中国台湾省的基隆市，由于家境不好，他18岁在读完了中国台湾商业学校之后就开始去社会上谋生。虽然他是上完了商业学校才去找工作的，但是却没有找到一个对口的工作，最后迫不得已在一艘日本商船上打工。

张荣友从小就怀有伟大的梦想，尽管他怀才不遇，但是他却一直没有失去信心，他决定要好好奋斗，而且他相信只要工夫下到了，自己一定会成功的。

就这样，张荣友从一名船上的杂工，最后做到了船长，这看起来也许你觉得并不是什么了不起的事情，但是，张荣友却用了23年的时间。当然，在这当中他也忍受了23年的艰苦和单调的海上生活，到了最后，张荣友积累了一点钱，在1968年的时候，他决定自己开始创业。

在创业的初期，他买了一艘非常破旧的洋船，航行于美国和远东之间。可以说他既是老板，也是船长，需要自己亲自指挥航行。

而就是这样一步步地开始，经过20多年的海上"卧薪尝胆"的生活之后，他最后成立了长荣海运公司，由于他非常了解货主的需要和当时的市场行情，张荣友公司的服务让客户非常满意，因此他的生意也变得越来越红火。没过几年时间，张荣友的公司的货轮增加到了三艘，而且还开辟了远东到波斯湾的定期航线。

等到了1975年，张荣友此时已经积累了不少的资本，而且在当时，他又再一次注意到海上竞争业变得越来越激烈，于是他决定抛弃旧式的货船，开始建立一种新式的快速货运船队，而他自己则是通过快速、安全、廉价的优势与别人进行竞争。正是通过张荣友的这次转变，他的生意越做越大。

在1982~1983年间，世界的航运业开始进入一个冰期，很多航运

第三章 忍——一时忍让，造就长远的发展

商都感到了难以维持，最后被迫宣布倒闭。但是张荣友认为这仅仅是短期的现象，于是他利用这个机会，以7亿美元的价格购买了24艘全箱的远洋货轮，就这样，自己的队伍迅速壮大起来。

结果正是经过了这么一番人退我进、人弃我取的激烈竞争，张荣友成为了世界著名的船王，他现在拥有十多家大型公司，而且在世界五大洲的几十个国家还设有分公司，拥有66艘大型货轮，总吨位数高达210万吨。

张荣友通过自己23年的努力奋斗，之后又用了20年的时间来进行创业，才最终成为了世界顶级富豪。

可见，一个"忍"字是多么的重要。因为在任何时间、地点我们都有可能遇到不如意的事情，而有的问题可能是我们一时半会解决不了的，甚至有些问题对于我们来说是无法解决的，所以我们一定要学会忍耐。

孔子曰："齿刚则折，舌柔则存。柔必胜刚，弱必胜强。好斗必伤，好勇必亡。百行之本，忍之为上。"其实这就是在说，一个人想要成就大事，那么一定要懂得适时忍受这个道理。

赢在出路 》》》

我们每个人都希望自己能够成就自己的梦想，而成就自己梦想的道路很显然不可能是一帆风顺的，而这就需要我们不要把一时的不顺看成是障碍，更不要被一时的失败所困扰，而面对挫折与失败的时候一定要忍得一时的气愤和痛苦，发奋努力，让自己勇敢地去实现自己的梦想。

55

忍耐是一种勇敢

人生在世，没有人可以事事顺心、时时顺心，总是会遇到一些非议和委屈。而对待这种事情，成功的人和平凡的人的区别就在于是否能够拥有忍耐之心。

纵观古今中外，凡是能够成就大事的人，都具有非凡的忍耐力，而这些人信奉的道理就是：百忍能成钢。

只要能够忍住一时之气，就能够获得长久的成功。有许多残酷的现实是无法改变的，许多非议也是无法消除的，甚至有很多委屈更是不可避免的，如果我们时时进行反击，那么就会让自己陷入一个被动的境地，甚至可能给自己带来巨大的麻烦和损失。特别是当你不具备硬碰硬的资格时，不妨忍住一时之气，用另外一种方式来对待它，这样或许能够收到意想不到的效果。

忍一时之气不仅仅是一种自我保护，而且也是成就大事所必需的一种素质。日本矿山大王古河市兵卫曾经说过："忍耐就是成功之路。"只有学会用理智来克制自己的情感，在需要的时候采取忍让态度，才能够成就大事。

古河市兵卫在小的时候是一家豆腐店的工人，后来又受雇于放款者，当过一段时间的收款员。

有一天晚上，古河市兵卫去一位客户那里收款，但是这位客户根本就不想还钱，所以对古河市兵卫态度非常冷漠，结果就让古河市兵卫干坐在那里，而客户却熄灯上床睡觉了。而古河市兵卫在发现客户根本就没有打算还这笔钱的意思的时候，并没有像大多数人那样选择离开，而

第三章 忍——一时忍让，造就长远的发展

是在那里一直坐到了天亮。

结果第二天一大早，客户起床之后惊讶地看见古河市兵卫居然还坐在自己家里，他一晚上都没有睡觉。让客户感到更加惊讶的是，古河市兵卫居然没有表现出来一点生气，甚至是愤怒的表情，依旧是面带微笑。

古河市兵卫的态度让客户非常感动，不仅改变了之前的态度，而且还将欠款一分不少地交到了古河市兵卫的手中。

也正是因为古河市兵卫这种能够忍一时之气的性格得到了老板的信赖与认可。没过多长时间，古河市兵卫就被老板推荐到当地的一位富商那里去工作。在几年之后，古河市兵卫又因为表现出色被这位富商提拔成为经理。

就这样，又过了几年时间，日本已经到了明治天皇统治时期。在明治天皇统治初期，日本的经济状况并不是很好，物价飞涨，很多公司纷纷关门倒闭，古河市兵卫所供职的公司也难逃此劫。

公司已经欠下了大笔的贷款，最后只能够宣布倒闭，很多员工不得不离开。但是此时的古河市兵卫却又没有跟随大家，他反而拿出了自己的私有财产帮助老板还债。一时间，古河市兵卫的名字一下子轰动了日本全国。

又过了两年，古河市兵卫凑钱买下了足尾铜矿，当时有很多人在得知这一消息之后，都觉得古河市兵卫的行为简直是太可笑了。当时有很多人这样来形容："这个古河市兵卫，简直就是疯了。在这个时候买矿，自己不赔得倾家荡产才怪。"但是，古河市兵卫根本就不介意身边的人怎么说，他每天依旧会拼命地带人挖矿，心中想着能够在足尾铜矿当中赚上一大笔钱。

就这样，又过去了两年的时间，古河市兵卫的资金正在一天天地减少，而铜的影子也没有找到。这个时候，古河市兵卫手下的很多人开始

抱怨了，甚至当时还有一些人公开指责古河市兵卫。即使是这样，古河士兵卫依旧咬着牙，把这些都暂时忍了下来。在买下铜矿的第四年，古河市兵卫他们终于挖出了铜，而他的事业也开始出现了转机。

就这样，古河市兵卫凭借着自己这种忍耐的个性，最后成为了日本赫赫有名的矿山大王。

而后来，在他成名之后，在接受记者采访时曾经说："大家都问我成功的秘诀是什么，其实我只有一句话，那就是能够忍住一时之气，并且坚持到底。"

这样的忍耐，不是屈服，而是一种智慧。忍一时之气，坐等时机到来。当时机变得成熟了，你就可以一飞冲天，从而实现自己伟大的抱负。

在现如今这个竞争日益激烈的社会，想要出人头地，有所成就，就必须忍得一时之气。这也是成功的人和平凡的人之间的本质区别。如果一个人缺少忍耐，那么他的心胸就会变得狭隘，每天也都会生活在愤怒中，怎么可能还有时间和精力学习、工作呢？而那些真正具有忍耐力的人，往往能够在生活和工作中获得意想不到的收获。

赢在出路 》》》

忍耐不是懦弱的表现，而是一种勇敢的精神。"忍"字也并非全是心头一把刀，而是刀下有颗心！所以，那些忍得一时之气的人，当他们在经历了一番风霜雪雨之后，终能拨云见日，赢得成功！

第三章 忍——一时忍让，造就长远的发展

忍，不仅有气量，也有力量

人不可能是一个模子刻出来的，脾气秉性怎么可能一样呢？一旦产生了摩擦，就想着针尖对麦芒，那么怎么还能够消除摩擦？所以说，"忍一时风平浪静，退一步海阔天空"。在这个世界上，没有解不开的疙瘩，也没有化不了的矛盾。只要彼此能够做到体谅，自然就会拨云见日，雨过天晴。

但是我们大家都知道，这样的话说起来容易，做起来难。一个人经历一次忍让，那么就会获得一次人生的重塑。

在古代有一个叫杨翥的人，他以忍让聪慧而闻名。有一次，他的邻居丢了一只鸡，指着姓杨的大骂，而且家人也是愤愤不平，但是杨翥却非常淡然："满世界又不止我一个人姓杨，随他骂去吧。"

还有一次，屋外面下着瓢泼大雨，一个邻居把自己院子当中的积水排到了杨翥的家中，全家结果深受潮湿的苦楚。

但是杨翥表现得非常淡然："不要斤斤计较，总是晴天的时日多，落雨的日子少。"

久而久之，大家都被杨翥的忍让打动了。到了后来，有一伙强盗密谋抢夺杨家的财宝，正是这些邻居自发组织起来，避免了这场灾祸。

生活当中的事情就是这样，只要不是什么原则问题，最好能够忍则忍，特别是在日常工作中，"小不忍则乱大谋"。人只要活着，就不可避免地要受到一些有意无意的伤害，任何人都是这样。一时的冲动往往会导致日后的悔恨，实在是得不偿失。与其说这是一种勇敢，倒不如说

是一种莽撞。

所以，冲突发生的时候，聪明的人总是能够尽可能地去迁就对方，而这看似懦弱的举动其实正是生存的智慧。这样的举动既能够让你避免耿耿于怀地自我折磨，又能够让你维持良好的人际关系，正可谓是一举两得，你还在犹豫什么呢？

但是在生活当中，还是有很多人坚持认为，丢什么也不能够丢面子，失什么也不能失身份。当然，爱惜自己的尊严这是极为必要的，但是，你总是需要思考事情的来龙去脉，分个孰轻孰重。所以，我们完全可以得出"忍让如同金子一般可贵"的结论。而且，拥有这样心灵的人，不可能整天抓住鸡毛蒜皮的小事不放，整天想着如何去琢磨着算计别人。其实，在生活和工作当中，有很多事情想要多小就有多小，要想多大就有多大。

人们有时为了自己的立场和利益，即使是明知错误，也往往是放不下"自尊"，不能够痛痛快快地认错。也许，找借口以求解脱这就是所谓的人之常情，在所难免。但是，与其编造一些谎言或者是来个闪烁其词，倒不如痛痛快快，坦率地向对方道歉更好。

有很多主管面对部属诚实地向他道歉，而不是以别的理由作为迟到的借口时，多会看在他那诚实无伪的态度上，立刻原谅他，不再追究。但是，一些部属一味地掩饰，主管会严厉指出，甚至对下属的人品产生怀疑。

其实，有勇气对自己的过失开玩笑的人，对自己有坚定的信心，会相信自己在其他方面的成就。能够勇敢承认错误的人，实际上是在要求自己拿出修正错误的办法。

可见，我们要学会与人相处，一定要有勇气，有风度，敢于痛痛快快地承认自己的过失，即使忍，也要做到有气量和有力量。

第三章 忍——一时忍让，造就长远的发展

赢在出路 >>>

懂得培养自己的度量，这在平时的生活中，是非常重要的。假如你是一个脾气不佳，而且耐性又不好的人，在生活中，你要自觉地管住自己的脾气，面对日常的小摩擦做到没脾气。

学会隐忍，懂得屈伸之道

生活中但分有点进去心的人都会想在一个群体中当个领导，就算是两个人也想做那个管别人的人。其动机也非常简单，无非就是想什么事情都自己说了算，不但不受别人的牵制，自己还可以把别人指挥一番。其实这也没什么不好，如果你真的够强大，够聪明，真的能够领导别人走最正确的路线，别人不但不会对你不满，反倒会对你钦佩有加。可问题是，即便你真的有这么高超的领导潜质，没有自我完善的时间和空间也是难以承担大任的。

我们常说，世间英雄少有，即便是谁真的有英雄的特质，他也必须要在社会中不断闯荡历练，这个世界上生来就是大爷的人一般都没有什么本事。想成为众人之中的佼佼者，不是一天两天的事情。这个世界上没有人做了一夜的梦，第二天就被黄袍加身。相反，大部分人都是先从不起眼的基层做起，一步步的爬到了险要的位置。在这一步步的前进道路中，他们必将经历了很多常人没有经历的痛楚和挫折。清朝红顶商人胡雪岩曾经说过类似的一句话："真正成大事的人，就必然要去吃别人吃不了的哭，担当别人忍受不了的屈辱。"由此可见，成大事者的首要特点就是一个"忍"字。只有真正懂得隐忍之道，伸屈自如的人，才能在最终实现自己的报复理想，成为一个有阅历有胆量的强者。

61

在楚汉相争之前，项羽与刘邦说好了先入关者为王，但是项羽遇上秦军主力，战争异常激烈；而刘邦却是一路顺畅，仅仅只是遇到了一些小股秦兵的抵抗，所以最后先入关。

但是项羽怎么愿意吃这样的大亏呢？明明是自己破釜沉舟歼灭了秦军主力，结果到头来却还是被一个无赖做了王者，这岂不是叫天下人耻笑。

再加上项羽的谋士范增又是煽风点火，火上浇油，说："刘邦在山东的时候，贪财好色，如今进了关中，完全变成了另外一个人。既不收取财物，也不亲近女色，由此可见，他的野心不小啊！"

因为当时刘邦经常自诩头上有天子气，范增又添油加醋挑起项羽的怒火："我仔细观望了云气，只见刘邦头顶上五彩缤纷，显现出盘龙卧虎的形势，这可是天子的征兆。"

范增这么一说，把项羽气得火冒三丈，于是下定决心要将刘邦除掉。

当时，项羽的兵马四十万，驻扎在鸿门；而刘邦的兵马只有十万，驻扎在灞上。双方相隔仅仅只有四十里地，兵力悬殊，力斗的话刘邦肯定不是项羽的对手。

而这个时候刘邦的谋士张良献计说："项羽是一个吃软不吃硬的人，你要向项羽道歉，并且装作很服从他的样子，只有这样才能够平息他的怒火，一旦他的怒火消了，他也就不会杀你了。"

当时刘邦想了想，也发现没有其他办法了，于是就按照张良说的做了。

就这样，刘邦挑了一天，带了一百多个随从，到了鸿门去拜见项羽。刘邦一见项羽，满脸堆着谄媚的笑说："我跟将军同心协力攻打秦国，将军在河北，我在河南。我自己也没有想到能够先入关。今天我在

第三章 忍——一时忍让，造就长远的发展

这里和将军相见，实在是一件非常高兴的事情。哪儿知道有人在您面前挑拨，让您生气了，这实在是太不幸了。"

项羽见刘邦低声下气的样子，顿时满肚子的怨气消了不少。刘邦看见项羽心软了，这个时候才松了一口气。

到了后来，刘邦巧妙地设计逃离了这个是非之地。刘邦的这一示弱也为他的日后东山再起奠定了基础。

公元前206年，在诸强一起推翻秦朝之后，项羽分封天下诸侯，自立为西楚霸王，封刘邦为汉王，属地为巴蜀。

当时的刘邦并没有因为被项羽分封在了这路途遥远，穷山恶水的地方而意志消沉，他反而在其得力谋士的辅佐之下，"明修栈道，暗渡陈仓"，在汉中励精图治，积蓄力量。

等到后来，有了与项羽相抗衡的军事实力之后，他突然杀出汉中，将项羽打得大败，逼得一代楚霸王在乌江边拔剑自刎，为我们后人留下了无尽的遗憾和思索。

楚汉之争这段恢宏的历史虽然早就成为了过眼烟云，但是它留给后人的意义和教训却发人深省。刘邦遇强则避，懂得适时示弱，反而最后开创了四百年的汉朝基业，并且成为了中国历史上汉唐盛世的开山之人。而楚霸王项羽虽然是英勇盖世，但是却放不下自己的架子，不肯过江东以图东山再起，让后人所惋惜和感叹。宋代词人李清照在一首诗中写道："生当做人杰，死亦为鬼雄。至今思项羽，不肯过江东"。正是道出了这种后人的遗憾之情。

赢在出路 》》》

在这个世界上，没有绝对的强者，也没有绝对的弱者。在平时那些所谓的"弱者"是在不该出头的时候绝对不逞英雄的气概，但是一旦

得势，他们就会抓住机遇、把握方向，一举强攻以获得最后的成功，这也就是笑到最后才笑得最好的道理。

忍一时风平浪静，退一步海阔天空

让我们回到中世纪的欧洲，那时教皇是基督教的首脑。当时由于各个王国内的封建主割据林立，连年混战，结果就造成了王权势力的衰弱，局势很混乱。

在1076年，德意志神圣罗马帝国皇帝亨利与教皇格里高利进行权力的争夺，最后争夺日渐激烈，已经发展到了白热化的阶段。当时的亨利非常想摆脱罗马教廷的控制，而教皇则是想把亨利赶尽杀绝。

就在这紧要的关头，亨利首先行动。他召集了德国境内各个教区的主教们开会，而在会议上，亨利向大家宣布废除格里高利的教皇职位。而格里高利怎么能够任亨利宰割呢？他也立刻行动起来，格里高利在罗马的拉特兰诺宫召开了一个全基督教会的会议，决定要将亨利驱逐出境。结果这一决定受到了德国人民的支持，甚至也得到了其他国家人民的支持。

由于格里高利的号召力很强，所以在很短的时间内就掀起了反对亨利的运动，特别是德国国内一些大大小小的封建主都开始造反了，向亨利的王位发起了挑战。

亨利面对这样的情况，最后只能选择妥协。他于1077年1月穿了一身破旧的衣服，骑着毛驴，并且只带了两个随从，就在寒冷的天气中翻越千山万水来到了罗马，准备向教皇承认错误。可是格里高利心里一直对亨利耿耿于怀，他故意不理睬亨利，在得知亨利马上要到罗马之前就离开了罗马。

第三章 忍——一时忍让，造就长远的发展

结果等到亨利到达罗马之后发现城堡的大门紧闭，根本就不让亨利进去。可是亨利为了保住自己的皇位，没有办法只好忍辱跪在了城堡前面的雪地上进行忏悔。

当时天气异常寒冷，大雪纷飞，天寒地冻，身为帝王的亨利就在这种天气中跪了三天三夜，最后才等到了教皇的宽恕。

亨利从此又恢复了教籍，他在自己保住皇位之后返回到了德国。从此之后亨利开始大力进行内部的改革，之后又派兵把封建主一个个给消灭了，而且还剥夺了他们的爵位和土地，这样一来亨利就把威胁自己的内部反抗势力消灭的干干净净。

亨利通过一段时间巩固了自己的地位之后，他立即向罗马出兵，结果格里高利面对亨利强大的兵力，最后只能逃出罗马，客死他乡。

其实，亨利的罗马之行显然是有目的的。在当时他与格里高利进行对峙，国内外都是反对他的时候，他不得不通过忍辱来保全自己，以便自己能够东山再起，重振旗鼓，给自己和格里高利的较量留出充足的时间。而最后亨利果然报了当初忍辱之仇，打败了格里高利。

当我们与强大敌人相处的时候，懂得忍让其实是一种策略。而你的示弱忍辱只不过是在模糊对手，等到他麻痹之后，你就可以选择时机，出奇制胜。

现在忍辱已经成为了经营人生的大智慧，可是很多人还是不懂得这一宝贵的人生智慧。他们在生活中总是喜欢逞强，不甘示弱，即使是自己站在了风口浪尖也绝不退缩。

在富兰克林年轻的时候，有一天去拜访一位德高望重的老前辈，由于不小心，进门的时候他的头撞在了门框上。

前辈笑着说："很痛吧？但这却是你今天到我这里最大的收获。"正

65

当富兰克林莫名其妙的时候，前辈一语双关地说："该低头时就低头啊！"

富兰克林揉着脑袋说："前辈，您的话让我一生受益啊。"

确实如此，该低头时就低头，不管你是谁，这点都是非常重要的。朋友之间会为了一些小事而斗嘴，如果双方谁也不愿低头，那么友情最后就会这么被割断。在情侣之间，如果不能够互相谦让，不能够各退一步，非要死抱着所谓的"原则"做出"覆水难收"的傻事，那么爱情也就会迅速消失了；亲情也是一样，因为心胸狭隘、不予宽容而导致"子欲养而亲不待"的事例也不在少数。

当我们回首当初，如果能够做到"忍一时风平浪静，退一步海阔天空"的话，那么恐怕结局早就是圆满的了，人生自然也是幸福的了。

当然，忍耐并不是目的，而是策略。有句名言："难能之理宜停，难处之人宜厚，难处之事宜缓，难成之功宜智。"我们细细品味这句话就会发现，这与"忍"字诀简直有异曲同工之妙！

我们不妨再来看一个例子。

有一天，老和尚远远就看见小沙弥一个人在池塘边用脚踢着石头，神情似乎不悦。

于是他走上前去询问："怎么啦？是不是和别人吵架了？"小沙弥回答说："他们刚刚取笑我，我去跟他们理论，他们还骂我，我再也不跟他们玩了！"

老和尚语重心长地说："唉，你要懂得忍一时之气才好。"小沙弥非常不解："忍？他们那样对我，我为什么要忍呢？"老和尚耐心给他解释："忍，这是人生最大的修养，一个人只要能够凡事忍耐，不逞一时之气，那么必定能够获得成功。你看三国时代，周瑜因为心胸狭隘，

第三章 忍——一时忍让,造就长远的发展

结果被诸葛亮活活气死。但是恰恰相反的是,汉朝的韩信,能够忍耐'胯下之辱',从此励志奋发,最后成功辅佐汉王刘邦成就霸业。所以,忍与不忍,绝对是能够影响一个人的成败得失!"

小沙弥悟性很高,他听完后说道:"师父,我知道了,以后再有人欺负我、辱骂我、看轻我,那么我就要学会避开他、不理他、忍耐他,这样才能够和师父您一样,成为一代高僧!"

忍耐是智能、是力量、更是慈善,所以"忍"是成功必要的修养。在工作上要忍,生活中也要忍,夫妻之间要忍,朋友间要忍,陌生人之间更要忍。

赢在出路 》》》

我们在为人处世的时候一定懂得忍耐,因为忍耐可以帮我们把各种利益关系处理好。我们只有做到了这一点,人生才达到了一个理想的境界,才可能拥有幸福、美好的人生。

一忍可以制百辱,一静可以制百动

俗话说得好:"两斗皆仇,两和皆友"。如果双方为了小事计较起来,就会心存隔阂,不欢而散。同样是在一些是非原则的问题上,如果双方你让、我让,那么也就是双方的双赢,皆大欢喜。

在隋朝的时候,有个大臣叫牛弘,他非常喜欢学习,待人也非常宽宏大量。皇帝很器重他,曾经允许他可以与皇后同席吃饭,这在当时已经是非常高的礼遇了。

但是牛弘依然是车服卑俭，对人总是宽厚谦让。他不但仕途关系处理得非常好，而且家庭也处理的非常和睦。曾经在他的家庭发生过这样一件小事，我们就可以看出他的为人。

牛弘有一个弟弟叫牛弼，这个弟弟经常酗酒闹事。有一次，牛弼喝醉了酒，酒后将为牛弘驾车的牛射死了。而牛弘从外面回到家之后，他的妻子迎上前，对他说道："叔叔喝醉了酒耍酒疯，将牛射死了。"

牛弘听完之后，什么也没有说，只是说将牛肉做成肉脯算了。他的妻子做完之后又提到了杀牛的事情，牛弘却说："剩下的做汤。"

过了一会儿，他的妻子又唠叨杀牛的事情，这个时候牛弘才说道："我已经知道了。"一点也没有表现出生气的样子，脸色还是像平时一样的温和，甚至连头都没有抬，继续看他的书。

妻子看见丈夫这样大度，内心感到非常的惭愧，从此也就再也不提牛弼杀牛的事情了，而弟弟从此之后也收敛了很多。

由此看来，人与人和平相处的秘诀就在于一个"忍"字。俗话说："百忍成金。"

孟尝君曾经担任齐国的相国，在各国当中有着很高的声望。而在他的家中也供养了很多的食客。

当时，有一位食客与孟尝君的一个小妾私通。有人知道了情况，报告孟尝君说道："身为人家的食客，居然暗中和主人的妾私通，这实在是太不应该了，理所当然将他处死。"

孟尝君听完之后非常淡然地说："喜爱美女这是人之常情，你不要再提了。"就这样过了一年，孟尝君招来了那位食客，对他说："你在我的门下已经有过一段时间了，到现在还没有适当的职位给你，我心里非常不安。而现在卫国的国君和我私交非常好，不如让我推荐你到卫国

第三章 忍——一时忍让，造就长远的发展

去做官吧。"

在临行之前，还给他准备了车马钱财。当这位食客来到卫国之后，受到了卫王的赏识和重用。而后来，齐国和卫国关系紧张。卫国的国君想联合各国攻打齐国。而这个人则对卫君说："臣之所以能够到卫国来，全是依靠孟尝君当初不计臣的无能，把臣举荐给了大王。臣听说齐、卫两国的先王曾经相互约定，将来自己的子孙后代绝对不能够彼此攻击，而如今大王您却想着联合其他国家来攻打齐国，这不仅违背了先王的盟约，同时也等于是辜负了孟尝君的情谊，就请大王取消攻打齐国的念头吧。不然，臣愿意死在大王的面前。"

卫君听完之后，非常佩服他的仁义，于是就取消了攻打齐国的念头。齐国的人听完之后都赞颂道："孟尝君可谓善为事矣，转祸为安。"

其实，"忍"的前提就是要有开阔的胸襟，宽宏的度量，能够通过此来为人处世，则必然是"两和皆友"。

赢在出路 »»»

俗话说："忍一时风平浪静，退一步海阔天空。"通过忍，我们是可以制百辱的，我们只要做到忍，就能够为自己赢得更多的机会，带来更大的机遇。

忍是一个人理智成熟的表现

在某机关单位有一个女孩，她平日里只是在默默工作，并不多说话，在与别人聊天的时候，也总是微微地笑着。

有一年，机关来了一个喜欢争斗的人，当时机关里面的很多同事都因为受不了他的主动攻击，不是选择辞职就是请调。而这个人看把大家都欺负得差不多了，最后把矛头指向了这个女孩。

有一天，这个人开始对女孩找事，没理由地就是劈里啪啦一阵，可是谁知道那位女孩只是在默默地笑着，一句话也没有说，只是偶尔会说一句："啊？"最后，喜欢争斗的那个人没了办法，只好主动鸣金收兵，但是也被女孩子的表现气得满脸通红，一句话也说不出来。等过了半年，这个好斗的人自己反而选择了请调。

这个故事其实就说明了一个事实：面对"沉默"，所有的语言力量都将会显得微不足道。

不讲理的人有着许多的共同之处：

第一，不讲理的人和普通人不一样，因为他们身上拥有更多的不受别人欢迎的缺点。

第二，不讲理的人最为突出的特点就是蛮横、不讲理，无理也要狡辩三分，如果你与这种人讲理，简直就是对牛弹琴。

第三，不讲理的人往往脸皮很厚。当他们与别人发生冲突的时候，立即就会翻脸不认人，六亲不认，不管你曾经对他多么友好，即使你是他的亲人或者朋友，他们也根本不买你的账。而等到冲突过去之后，他还会恬不知耻地厚着脸皮与你套近乎，就好像一切事情都没有发生一样。

试想，谁又能够奈何这样难缠的人呢？有人说要心狠点，手辣点，以硬碰硬，压住他的火焰，甚至有的人还经常用"揍"的办法来解决问题，可是实际上，这种办法是很少奏效的，只会把事情越闹越大，最终还是会惹得一肚子气。

其实，不讲理的人也并不是那么可怕的，这样的人素质很低、没有多大的能力，在众人眼里也没有地位，可以说与这样的人站在同一水平线上斤斤计较没有什么价值。所以，如果你是一个有品位的人，那么就应该避开不讲理的人。

避开不讲理的人，最积极的理由就是"投鼠忌器"。"投鼠忌器"语出《汉书·贾谊传》，意思就是说用器物打老鼠，反而怕损坏了器物，这不是怕老鼠，而是为了保护器物。

对于那些不讲理的人其实也是这样，我们不要去招惹他、不与他计较，这完全是出于我们的精力要用在正事上的考虑，也是为我们尊严考虑——我们不要因为他们而损坏了真正有价值的东西。

只要有人的地方，就难免会出现争斗。所以，你要有面对不怀善意的力量的心理准备；你可以不去攻击对方，但是一定要有一张保护自己的"防护网"。

赢在出路 >>>

我们应该培养对他人言语"入耳而不入心"的功夫。学会装聋作哑，进行退让，这样除了可以不战而胜之外，还可以避免自己成为别人的目标，为自己避免很多麻烦，真是大有好处。

人生总有起与落，上台总有下台时

做人是一世的工作，而为官则是一时的作业。人生在世总有起起落落，上台必有下台时。"功遂身退，天之道也。"当一个人取得了事业的成功之后，一定要想着全身而退，为自己寻找更好的退路，这也是做人为官的正常规律，所以，人都不可以过分迷恋于权势与地位之上。

如果想对世界上的所有人群进行分类的话，大体可以分为两种。第一种是幸福的人，他们的健康、财富以及其他各方面的生活大体相同，他们比较轻松地活在自我的世界里，不断地给自己创造轻松愉悦的生活氛围；而另一种就是不幸福的人，他们总是在与别人的攀比之中。这在很大的程度上来说，对他们简直就是一种伤害。

其实人生就像演戏，人生所遭遇的起起落落就像舞台上的开幕谢幕一般，当你以自己最美丽的妆容出现在观众面前的时候，也许是在成功的扮演着某个角色，只不过生活中的我们是在扮演自己而已。而一旦到了闭幕的时间，舞台上那个漂亮的扮演者也就只能卸妆撤下舞台，回归真实的自己，成为一个普普通通，平平凡凡的人。

好歌唱不尽的"一代歌王"罗文，演绎武侠剧主题曲是他的绝活，《小李飞刀》、《萧十一郎》、《绝代双骄》等多部经典武侠片中，一个个风流倜傥、快意恩仇的武侠人物竟然在罗文的歌声中变得栩栩如生。

罗文高昂如山的情感，波澜如海的音域，铿锵如刀的歌喉。这也是罗文成为武侠主题曲最完美的演绎者，是其他任何人都无法代替的，因为他具备得天独厚的戏剧素养。在七十年代的时候，他还曾与沈殿霞一起合作"情侣合唱团"，就在那个时候，两人风靡整个东南亚。

罗文在《射雕英雄传》中演唱的《铁血丹心》也就成为了家喻户晓的经典曲目，那个时代的大人小孩几乎都能哼唱几句。1983年的时候，罗文还获得了"香港十大杰出青年"的殊荣。

当年在工人体育馆的春晚现场时，看到罗文载歌载舞出现的时候，不知道有多少观众惊呼着。而当时听惯了原汁原味的大陆歌曲的人们，忽然听到如此熟悉的港台风味的歌曲，就如同一桌奢华的传统京菜中添加了两匙精致的粤式羹汤，简直让人食指大动。

而有些事情总是在人们出乎意料之外的时候突然发生。2001年的时候，经医院诊断得知其患了肝癌，坚强的他依然坚持与癌魔搏斗。但

第三章 忍——一时忍让，造就长远的发展

是 10 月 18 日晚上的时候因为病情急转，再送入医院之后的中午就病逝离开。很多人都无法接受这个事实，多么有才华的年轻人，竟然这么早的就离开了。

其实，人生就是这样的。没有谁可以改变生命的轨迹。有些事情的发生是我们根本无法挽回的，即使自己再如何的努力都无济于事。就像人从一出生开始就已经开始了自己戏剧性人生的登场，直到百年之后的离开。

并不是所有的事情我们都无法左右。如果没有大把的钞票，也未必不会快乐。最起码，我们不会因为有太多的钱而整日提心吊胆，也不会担心歹徒的拦路抢劫。如果我们不是富翁，至少我们可以更轻松。

如果我们没有得到一定的权位，虽然无法领略众星拱月的感受，却独有一份真实而又低调的骄傲。如果我们没有丝毫的名气，也就不会被更多的人瓜分掉自己宝贵的时间，也根本无需往返在不必要的应酬与礼尚往来的交换中。

也许我们没有漂亮姑娘的青睐，但是我们拥有最珍贵的那份关怀；也许我们没有英俊的脸庞与吸引更多人的追求，但是付出真情的那个才是一辈子的瑰宝；也许没有显赫的家室，但是温馨的小窝里却有着世间最温暖的情感。

世界上所有的事情都是相辅相成的，在拥有中一定也会体会到失去的滋味。只有将人生的镜头调整到一个完全不同的角度，才会看到最奇妙的结果。在我们的身边，太多的人总是过分的患得患失，他们把个人的得失看得过重。从而使得他们变得斤斤计较、心胸狭隘、目光短浅。

人生总会有得有失，一个人如果能将个人的得失置于脑后的话，那么，他肯定可以更轻松地对待身边发生的所有事情。遇事一定要从大局着眼，从大处着手。故有"大江东去浪淘尽，千古风流人物。"的豪

迈。在历史的舞台上，根本不可能存在永远的演员，相应地，也就不可能有永远的观众。

赢在出路 》》》

很多时候我们在观看舞台剧时，常常看到台上有谢幕下来的演员，台下也有定妆上台去继续表演的"观众"。其实，台上台下，生、旦、净、丑角色地不断转变让戏里戏外的生活更加精彩。所以没有必要因为一时的下台郁郁寡欢，调整好自己的心态，努力看清楚世事地变迁，相信也一定能够理解"长江后浪推前浪，一代新人换旧人。"这个亘古不变的道理。

第四章
隐——今日巧劲，获得幕后的胜利

你想要成为成功人士吗？如果是，那么就要学习如何处理人际关系。生活中，处理人际交往中存在的问题，往往会让人们伤透脑筋。不管你是说错了话、交错了朋友或是防范心理不够强等，都可能招致灾祸。为此只有懂得适当隐忍，才能够在生活当中如鱼得水，成就伟业。

得意时也须低调

做人应该多一分淡定，少一分计较。不要过分追求什么名誉或是地位。如果自己在事业上确实有了一定的成就或者建树，现有的成绩也确实能够得到更多人的肯定与认可，这一点是值得肯定的。但是，千万不能够因为自己有了一点点成绩就开始骄傲自大，不仅到处去宣扬，而且还拿别人的成绩往自己身上贴，如果是这样的话，就需要我们好好进行反思了。

低调做人，显然是需要在言辞上好好把握分寸的。事业成功，也不能够表现得傲气十足。如果总是以成功者的形象自居，到处去显身份，摆架子，想怎么样就怎么样，只图自己痛快，不顾别人的感受，那么这样下去的结果只能是伤人又害己。

北周时，曾经有一位屡立战功的将军，他叫贺敦。每当他立下大功的时候，朝廷都会赏赐给他一些东西，不管是金银珠宝还是绫罗绸缎。但是贺敦几乎每次都会因为朝廷对他的赏赐不公而心怀怨气，有的时候可能还会口出恶言。

有一次，就是因为自己没能够控制住自己的怨气，而遭到了权臣宇文护的逼杀。在贺敦临死的时候，他叫来了自己的儿子贺若弼，对他说："我因口舌而死，你一定要记住。"随后，他还用锥子将贺若弼的舌头刺出鲜血，想通过这样的方式来告诫自己年轻气盛的儿子，希望他以后能够慎言。

父亲的去世，对于贺若弼来说是痛心的。刚开始的时候他还能够记

第四章　隐——今日巧劲，获得幕后的胜利

住父亲曾经的教诲。甚至，他还经常用"君不密则失臣，臣不密则失身"的警句提醒自己，遇到事情一定要慎重考虑，一定要三缄其口。

到了后来，贺若弼也为朝廷出了不少力，在当时的隋朝可以称得上是大功臣了。随之而来的自然就是给他升官加俸禄，自然俸禄也是在不断地增多。这个时候，贺若弼把父亲的告诫抛到了九霄云外。

贺若弼和他的父亲一样，因为对朝廷封官产生了极度不满而大发牢骚，最后也落了一个被免官的下场。

自从被免官之后，贺若弼不但不接受这次教训，反而产生了更多的怨言，最后因为口出恶言太多，被捕入狱了。

隋文帝在激怒当中斥责贺若弼："我用高颎、杨素为宰相，你在下面散布，说这两个人只配吃干饭，这到底是什么意思？"后来，有人因此前去奏请文帝将贺若弼处死，但是文帝因为他之前也是立功之人便赦免了他的死罪。

后来，隋文帝在贺若弼的面前语重心长地对他说："你有将才之相。但是你却因为具备'三太猛'才害了自己：嫉妒心太猛；自以为是、看不起别人的心太猛；目无君上的心太猛。"

其实，隋文帝这样来评价贺若弼并不是没有道理的。一直以来，只要同僚有功，他就嫉妒，同僚升迁也会让他觉得不满意。

有一次，皇太子杨广同贺若弼商谈朝中大事，便问他："杨素、韩擒虎、史万岁三人都是难得的良将，那么他们的优劣究竟何在呢？"

贺若弼竟然毫无顾忌地禀报太子："杨素是员猛将，但是没有谋略；韩擒虎是一员战将，但是却不会带兵；史万岁是一员骑将，而别的本领却是平平。"太子听完之后很好奇地问："那么，朝廷当中谁能够称得上是大将呢？"而此时的贺若弼深深一拜说："这就要看殿下您的眼光了。"不言而喻，很明显的是，贺若弼自认为比别人都高明。

贺若弼目中无人，贬低所有人的这种清高，最后不仅得罪了不少的

同僚，而且还引起了皇太子的怀疑。等到后来，杨广做了皇帝之后，也渐渐与他疏远。

相信我们每个人都知道"病从口入，祸从口出"的道理。一句不负责任的话，甚至是一个不符合事实的评价，可能会导致很悲惨的结局。而一个玩笑在有的时候可以要了一个人的性命，这绝对不是危言耸听。

赢在出路 »»»

无论身居多高的位置或获得了多大的荣耀，都要学会隐忍，不可锋芒毕露，说话、做人保留一丝低调。

卸掉功名，隐姓埋名

《菜根谭》有云："完名美节不宜独任，分些与人可以远害全身。"意思是说，不论如何完美的名气和节操，都不要一个人自己独占，必须分一些给别人，只有如此，才不会引起他人的怨恨为自己招来灾祸，从而保全生命。

自古以来，同患难容易，共富贵却很难，尤其是经过贫穷得来的富贵，更显珍贵。所以，功臣的命运大多都是兔死狗烹的下场。显赫的战功和伟大的政绩往往容易对帝王的权力和地位造成威胁，也容易遭到他人的嫉妒和非议，因此为了稳固自己的江山，那些"自命不凡"的功臣都得人头落地。文种灭吴后，自觉功高，不听从范蠡的劝告继续留下为臣，却被勾践不容，受赐剑自刎而死；范蠡却懂得功成身退，明哲保身，另谋出路，富甲一方。

第四章　隐——今日巧劲，获得幕后的胜利

文种，春秋末期著名的谋略家，越王勾践的谋臣，与范蠡一起帮助勾践打败了吴王夫差，政绩显赫。灭吴后，自觉功高，没有听从范蠡的劝告，却为勾践所不容，最后被赐死。

范蠡，春秋末期著名的政治家、军事家和实业家，被后人尊称为"商圣"。他出生贫贱但博学多才，与楚宛令文种相识，两人感情很深。因不满当时楚国黑暗的政治："非贵族不得入仕"而一起投奔到越国，辅佐越国勾践。帮助勾践兴越国，灭吴国，一雪会稽之耻，功成名就之后激流勇退，隐姓埋名，变官服为一袭白衣与西施西出姑苏，泛一叶扁舟于五湖之中，遨游于七十二峰之间。期间三次经商成巨富，三散家财，自号陶朱公。世人对他的赞誉很高，说他："忠以为国，智以保身，商以致富，成名天下"。

公元前494年，勾践不听范蠡的劝阻，讨伐吴国惨遭失败。范蠡随勾践入吴国为奴，文种则留在越国守国。在吴国为奴期间，夫差曾劝范蠡弃越投吴，委以重任，范蠡不为所动，含垢忍辱，卑辞厚赂，终于使勾践化险为夷，平安返越。文种则焦思竭力，恢复生产，治理国政。"外守疆土之界，内修耕战之备，无遗荒土，百姓亲附"。勾践回越国后，范蠡与文种鼎力辅佐勾践，兴越灭吴完成勾践称霸大业，使越国成为强国。

灭吴后，范蠡功成身退并写信给文种，劝他应该知道"高鸟尽，良弓藏；狡兔死，走狗烹"的道理，早日离开越国，文种自觉功高，不听劝，仍在越国为相。在要和平还是要称霸的战略方针上与勾践发生了强烈的冲突，而后称病不朝，之后被人诬陷要作乱，被勾践赐死。

并不是说，范蠡有多伟大，这也是局势所迫，如果他当初不走，结局自然也会落得和文种一样。但他了解"高鸟尽，良弓藏；狡兔死，走

狗烹"的道理，卸掉了功名，隐姓埋名，获得了世人对他更高的赞誉。

古往今来，功高震主的人没有几个有好下场。

韩信，西汉开国功臣，齐王、楚王、上大将军，后被贬为淮阴侯。公元前3世纪世界上最杰出的军事家、战略家，中国历史上伟大的军事家、战略家、战术家、统帅和军事理论家。中国军事思想"谋战"派代表人物。被后人奉为兵仙、战神。"王侯将相"韩信一人全任。"国士无双"，"功高无二，略不世出"是楚汉之时人们对他的评价。

公元前196年，即汉十一年春韩信死于长乐宫钟室，年仅33岁。随后韩信三族被诛。

刘邦的半壁江山可以说都是韩信打下的。明修栈道、暗渡陈仓，帮刘邦一举平定关中，为刘邦开辟能和项羽相抗衡的最重要的根据地；后又在汉军惨败于彭城后，及时召集散兵游勇和刘邦相会于荥阳，在京、荥一带击败楚军，稳定了军心和阵脚，使得骁勇的楚军不能进一步向关中推进；在与项羽战争的相持阶段，刘邦带领大军在荥阳、成皋一带拖着项羽，而韩信则带领部分人马对付不肯降服的诸侯，从外围孤立项羽，为刘邦攻打天下。奇渡黄河破魏、力擒夏说定代、背水之战灭赵、不战而胜降燕、挥师疾进扫齐，直到大败楚军20万，斩其悍将龙且，让骁勇无敌的西楚霸王项羽都感到了寒意荡胸而起。

齐国一灭，韩信自觉战功显赫，又见齐国土地广大，物产丰富，于是请求汉王封他为齐王，刘邦虽不满韩信所为，但正值用人之际，只好勉强答应。在这种情况下，韩信助汉则汉胜，帮楚则楚赢，拥兵自保则可以三分天下得其一。于是项羽派武涉前往齐国游说韩信三分天下。韩信以"以往我在楚王麾下做事，官不过郎中，言不听，计不从，所以我才离开楚国而投汉。汉王授我上将军印，让我率领数万大军，对我言听计从，所以我才能达到今天的地步。人信任我，我负人不祥，宁死也不

第四章 隐——今日巧劲，获得幕后的胜利

可做此事。"遭到拒绝，武涉游说失败。

武涉游说失败后，齐人蒯通知道天下大局举足轻重的关键在韩信手中，于是用相人术劝说韩信，认为他虽居臣子之位，却有震主之功，名高天下，所以很危险。终于说动韩信，但韩信犹豫再三而不忍背叛刘邦，又自以为功劳大，刘邦不会来夺取自己的齐国，于是没有听从蒯通的计谋。

树大招风，聪明的人，不做大功独揽的蠢事。故老子曰："功成，名遂，身退，天之道也。"

赢在出路 »»»

有很多人一辈子觉得活得很累，其实就是被功名所羁绊，当我们走出功名的羁绊，放下它，你就会觉得身心轻松，这时自己才真正明白生活的意义。功名只是生活的一部分，而且是很虚荣的一部分。

不战而屈人之兵

孙子曰："凡用兵之法，全国为上，破国次之；全军为上，破军次之；全旅为上，破旅次之；全卒为上，破卒次之；全伍为上，破伍次之。是故百战百胜，非善之善者也；不战而屈人之兵，善之善者也。"

而这段话的意思就是：大凡用兵打仗，其指导原则应该是：迫使敌人举国降服的为上策；通过交兵打仗而攻破敌国的次之；能使敌人举军降服的为上策，攻破敌军的次之；能够让敌人整卒降服的为上策，攻破敌伍的次之。所以，百战百胜，这还算不上是高明的，不经过交战就能够让敌人屈服，这才是高明中的高明。

在春秋时期，楚惠王为了北上争霸中原，于是决定向宋国进攻。当时有一位能工巧匠名叫公输班，得到了楚惠王的重用，制造了云梯、撞车、飞石、联珠剪等新式的攻城武器，宋国这一次得知楚国又要来进攻，于是举国上下十分惊恐。

墨子得到这一消息之后，就赶紧带着三百弟子连夜赶到了宋国。等他到了宋国后，就教宋国的军队进行防御的方法，并且把士兵们布置在关键的城防要塞。然后他自己徒步走到楚国去，劝说楚王不要攻打宋国。

但是楚王认为，楚国兵力强盛，公输班发明的攻城武器更是非常先进，一定可以攻下宋国，所以就拒绝了墨子的要求。

而墨子见劝说不了楚王，于是就对楚王说："您能攻城，我就能守城，您是攻不下来的。"而楚王却偏偏不信，于是就把公输班叫来，要两人模拟对阵，看看谁更有本事。

只见墨子解下自己身上的皮带，围在桌上当做城墙，再拿一些木块当做守城的器械，就这样，与公输班演示起来。

公输班攻城，墨子防守。公输班一连用了九种攻城的方法，均遭到了墨子的有效抵抗，不能够取胜。公输班的攻城方法已经没有了，而墨子的守城方法却还有几种没有使用出来。楚王在一旁看得非常清楚，公输班输给了墨子。可是公输班却对墨子说："我现在知道战胜你的方法了，但是我却不说。"墨子也针锋相对地说："我也知道你战胜我的方法是什么，我也不说。"

就这样，二人打起了哑谜，这样楚王更加困惑不解，于是就偷偷地去看望墨子，问他究竟用什么方法战胜对手。

而墨子却直言不讳地告诉楚王说："公输班的意思是要您杀了我，那么这样就没有人知道抵御他的方法了。其实不然，我来的时候就已经

第四章　隐——今日巧劲，获得幕后的胜利

做好了这方面的准备，我已经派我的大弟子禽滑厘率领三百弟子帮助宋人守城，而且我也已经把所有的防守方法都教给了他们，他们每个人都可以运用这些方法来抵抗公输班的进攻。所以您就是真的杀了我也是没有用的。"楚王这一次被墨子的坦诚打动了，于是就放弃了进攻宋国的打算。

这可以说是一个"不战而屈人之兵"的典范。一般来说，这种情况大都是通过外交途径，运用恰当的谋略，让对方感到通过战争是达不到预期目的的，或者是用第三种力量加以制衡，而使其不敢贸然进攻。

在中国两千多年的历史长河中，外交谋略层出不穷，丰富多彩。"不战而屈人之兵"不仅适用于春秋末年的诸侯国攻城掠地，而且更加适用于现如今生活当中的为人处世。

赢在出路 》》》

要想达到某一目的，我们可以有很多种方法，其中之一就是不张扬行事，懂得保存自己的实力，做到不战而屈人之兵，而且还不浪费自己的一兵一卒，这样便自然而然能够获得成功。

踏实做事——无招胜有招的智慧

奋斗需要读书破万卷的努力，也需要不达目的不罢休的恒心。无招不是无为，而是把努力变成了一种状态，让人难以察觉。只等待伯乐的举荐，自己却不求上进，不知道进取的话，伯乐怎么可能会看上你呢？一匹千里马被伯乐相中的奇迹并不是光靠马儿等待就能够实现的，只有在众多普通的马中成为优等的良驹，才能被慧眼发现。无招则是一种生存策略，它可以把努力转化为无形，在无为之下取得成功。

曾经有一个名叫《不剑之剑》的故事：有一位徒弟跟师父学习剑法，在数年之后，徒弟自以为功夫已经学成，于是就想着要和师父一争高下。

有一天，徒弟趁着师父不注意从背后袭击师父，没有想到刚刚踏上师父打坐的竹席，师父便跃身而起把竹席往前一抽，徒弟立即就跌倒在了地上。而师父则笑着对徒弟说："你的剑术已臻佳境，但是离不剑之剑还有相当大的差距。"

之后又过了几年，徒弟才彻底明白，原来剑仅仅只是一个器物，而对于剑术的理解和运用，是完全不能够依赖于剑的。

由此可见，无招之招就是安分地做好自己的工作，而不是去做一些无用的努力。

有一家公司准备从基层员工当中选拔一位主管。最后，董事会出的题目是寻宝：大家要从各种各样的障碍中穿越过去，到达目的地，把事先藏在里面的宝物找出来。谁能够找出宝物，那么谁就可以得到提拔。

大家都兴奋异常，他们开始行动了起来，可是事先设置的路太难走了，满地都是西瓜皮，大家每走几步都要滑倒，根本就没有办法到达目的地。

他们艰难地行进着，在这寻宝队伍当中，公司的一位清洁工落在了最后面。对于寻宝的事情，他好像并不在意，他只是把垃圾车拉过来，然后把西瓜皮一锹锹地装了上去，然后又拉到垃圾站去。几个小时过去了，西瓜皮也快清理完了。

大家也都已经跳过了西瓜皮，冲向了目的地，他们开始四处寻找，

第四章 隐——今日巧劲，获得幕后的胜利

有一个射箭高手，他的射箭功夫可谓达到了炉火纯青的地步，且有百步穿杨的本领。据说连动物都知道他的本领。一次，两只猴子在一棵树上爬上爬下，玩得很开心。一位老农正要拈弓搭箭去射它们，可是猴子依然毫不慌张，还对人做鬼脸，仍旧蹦跳自如。这时，恰好那位射箭高手从旁边路过，他看到这种情况后，从老农手中接过了弓箭，于是，猴子便惊慌地迅速跑到树林深处去了。

有一天，一个人很仰慕那位射箭高手，决心拜他为师，经几次三番的请求，那位射箭高手终于同意了。收了这个徒弟后，那位射箭高手并没有急着给他传授射箭的技巧。而是交给了他一根很细的针，让他放在离眼睛几尺远的地方，整天盯着看针眼，这位徒弟一连看了两三天，于是便很不解地问师父说："师父，我是来学射箭的，可您为什么要我干这莫名其妙的事，什么时候教我学射箭呀？"师父说："这就是在学射箭啊，你继续看吧。"听师父这么一说，徒弟也不得不继续看下去。可是开始的时候表现还好，过了几天，他便有些烦了。他心想，我是来学射箭的，看针眼能看出什么来呢？这个师父不会是在敷衍我吧？

就这样过了几天后，师父开始教他练臂力的技巧，让他一天到晚在掌上平端一块石头，伸直手臂。这样做的确很苦，那个徒弟又想不通了，他想，我只学他的射箭方法，只要教我怎么能射好箭就行了，干吗教这些没用的呢？他让我端这石头做什么？于是很不服气，不愿再练。他的这种做法让师父很失望了，于是师父就决定由他去了。后来这个人还拜别师父去学射箭，可是到头来仍然还是没有学成功。

事实上，要是他能脚踏实地，不好高骛远，甘于从一点一滴做起，他的射箭功夫肯定会很精湛，可是他并没有坚持下去，只是一心想着早点学成，这样的态度很显然就是急功近利的，所以，到最后他一事无成。无数的事实证明，想要成为一个成功人士，就需要一步一个脚印地

往前走,要脚踏实地,从最基本的事情做起,这样才能为自己的发展打下坚实的基础。这就好比我们建造房子,只有把基础打扎实了,上面的主体才能完成,大楼才会盖得既牢固又高大。

两只天鹅和一只青蛙是好朋友。有一年,大旱,它们都决定离开这个生活已久的地方。天鹅必须飞到有水的地方才能生活,可是青蛙又没长翅膀,它该怎么办呢?于是,青蛙想出了一个好主意,找来一根绳子,让两只天鹅各咬一头,它咬着绳中间,就这样,青蛙就可以和天鹅一起飞了。

在长途飞行的路上,这件事轰动了整个动物界,大家都觉得这个办法好,而且都相互讨论这是谁想出来的好主意。梅花鹿说:"这肯定是天鹅想的办法。"小白兔说:"那么我们应该选天鹅为最聪明的动物。"这话被青蛙听到了,好不容易有这么一次荣誉,怎么能让别人抢走呢?于是它急得大喊:"这是我的功劳。"就是这一喊,青蛙一下子就从绳子上掉了下来,顿时摔得昏过去了。

我们看看,青蛙为什么会得到这样的后果呢?当然,是由于它太急功近利了,正是因为这样,反而害了自己。这就告诉我们,对于世间的事物,是你的终归是你的,要是一味地追求,过分贪图反而会适得其反,弄巧成拙,最终一事无成。所以,我们做人还是要踏踏实实才行。

曾经,有一位年轻的律师花了一笔资金装修了他的事务所。他买了一架豪华电话机作最终的装饰。这架电话机就摆放在律师的办公桌上。一天,秘书报告说有一个顾客来访。这可是第一位来光顾的人,年轻律师按规矩让他在候客室等了一刻钟。而后让顾客进来时,律师却拿起了电话筒,他是想给客人留下更深的印象。于是他假装回答一通极为重要

第四章　隐——今日巧劲,获得幕后的胜利

一种亲切感。

与有自卑心理和戒备心的人初次见面的时候,特别是进行沟通是非常困难的,特别是在社会地位有差距的时候,对方在居下的位置上心中就会有胆怯感。这个时候,对方心理上自然也就筑起了一堵防御墙,首先就让对方树立"自己不比别人差"的观念,这一点是非常重要的。

我们每个人都有自尊心,也都有好胜心,如果要联络感情,更应该处处重视对方的自尊心,因为我们要重视对方的自尊心,那么就必须要隐藏你自己的好胜心,成全对方的好胜心,这样表面上对方可能是胜利了,但是实际上却是你胜利了。

比如,当对方与你有某种相同的特长的时候,对方与你进行比赛,你必须让他一步,即使对方的技术比不过你,你也得让对方获得胜利。可是如果一味退让,那么就无法表现出你的真实本领,也许会使对方误认为你的技术不太高明,反而引起无足轻重的心理。

因此,当你与别人比赛的时候,更应该施展你的相当本领,先造成一个均势之局,让对方知道你不是一个弱者,之后进一步再施小技,把他逼得很紧,让他的神情紧张,这样才知道你是一个能手,再进一步的话,就可以故意留个破绽,让他突围而出,从劣势转为均势,从均势转为优势,结果把最后的胜利让于对方。对方得到这个胜利,不但费了许多心力,而且是危而复安,精神一定十分愉快,对你也会有敬佩之心。

但是,需要特别注意的是,在安排破绽的时候,必须十分自然,千万不要让对方明白你是故意使他胜利,不然他就会觉得你非常虚伪。

你所面临的难题,在刚开始的时候,你还能够以理智自持,比赛到了后来,感情一时冲动,好胜心勃发,不肯再作让步,也是常有的事情。或者是在有意无意之间,不管是在感情上,在语气上,在举止上,千万不能流露出故意让步的意思,那样就白费心机了。

在生活当中,常常有些人,总是要无理争三分,得理不让人,小肚

鸡肠。但是相反，有些人真理在握，不吭不响，得理也让人三分，显得绰约柔顺，君子风度。

前者，往往是生活当中不安定的因素，后者则是具有一种天然的向心力；一个活得叽叽喳喳，一个活得自然潇洒。有理，没理，得理不饶人，一般都在是非场上、论辩之中。

如果是重大的，或者是重要的是非问题，但是在日常生活中，也包括工作中，往往为了一些非原则问题、鸡毛蒜皮的问题争得不亦乐乎，以至于非得决一雌雄才算罢休，那么越是这样的人越对甘拜下风的瞧不顺眼。

赢在出路 》》》

争强好胜者未必掌握真理，而谦下的人，原本就把出人头地看得很淡，更不消说一点小是小非的争论，根本是不值得称雄的。那如果有理，却表现的谦逊，往往能够显示出一个人的胸襟之坦荡、修养之深厚。

急功近利，办事不利

俗话说："欲速则不达。"那些成就大事的人，都在时时刻刻提醒自己千万不要浮躁，因为他们懂得只有踏踏实实地行动才可能开创成功的人生局面。急躁会让我们失去清醒的头脑，导致冲动行事。在我们奋斗的过程中，如果浮躁占据着我们的思维，那么我们就不能正确地制定方针、策略而稳步前进。只有抑制住自己的浮躁，专心做事，才能达到自己的目标。

第四章 隐——今日巧劲，获得幕后的胜利

结果就在第二天，老板便开出了辞职信。老板说："你根本就不值得我的信任，我在上班之前就与你说过了，这是我们两个人之间的秘密，可是你怎么还是说了出去？这样的话，我们的员工肯定是不服气的，我不得不开除你。"随后便让她离开了公司。

隐藏别人的秘密，这或许并不是一件容易的事情。当别人对你寄予无限的期待与信任的时候，也同样附赠给你许多压力。这种压力显然是无形的，因为你知道的秘密越多，有的时候憋着不讲，那么时间一长只会让自己非常苦闷。其实，这个时候也就是考验你耐力的时候了。

在我们每个人的心中，都会装着一个世界。这个世界有多大、有多广，只有你自己知道。高尚的人懂得珍视别人完整的世界，也懂得保护别人秘而不宣的故事；卑劣的人却做不到这一点，他们获取他人的秘密，在他人内心的领地里面横冲直撞，并且大加议论，不仅伤害了别人，也伤害了自己。

想当年，马克思在巴黎的时候，与诗人海涅之间的友谊，达到了"只要半句就可以互相了解"的地步。

海涅的思想是非常进步的，在当时写下了很多战斗诗篇。到了晚上，他就会到马克思的家中朗诵自己的新作。

马克思和海涅会在一起加工、修改、润色诗篇，但是马克思从来都不在别人面前"泄露天机"，直到海涅的诗作在报章上发表为止。

为此，海涅也称马克思是"最能保密"的朋友，他们两个人的友谊也被世人所羡慕，所称颂。

其实在很多时候，我们都是为了图一时的口舌之快，把自己和他人的秘密就这样暴露了出去。有些秘密可能无足轻重，但是你有没有想

过，看起来不重要的秘密相对于对方来说可能是事关性命呢？一个不能保守秘密的人，又怎么能够指望让别人来替你保守秘密呢？

赢在出路 >>>

如果你不想失去别人对你的信任，失去你珍惜的那份友谊，那么就好好地管住自己的嘴巴，不光是为了自己，更要为朋友保守秘密。只有这样，你才能够在赢得别人敬重的同时，也能够让对方把你当成是人生中最可靠的"听筒"。

不必事事都优秀

有一位老师新来到某个班上任教，发现学生对他感到很好奇，同时又有一丝畏惧。为了迅速缩短师生之间的距离，这位老师故意在课堂上说："我的字写得不好看，板书也很差，我小的时候书法甚至都不及格，所以，我特别害怕在黑板上写字。"他的话语博得了学生一笑，他的目的达到了。

有时他会在教室里当着大家面说："怎么样，我的领带漂亮吗？"学生就暗地里想："这位老师可真有趣，居然还会注意这些小事，可见老师也和普通人一样。"就这样，学生们的心情顿时都放松了下来，对新老师产生了亲切感。从这以后，这位老师的教学也变得非常顺利。

同样的道理，在人面前演讲，在麦克风前打喷嚏，站不稳，故意表演一些小失误，就能够缓和原来紧张的气氛，听众们往往对于有头衔的大教授都是心存戒心的，但是在看到小的失误之后，心里便会想："再大的教授也是普通人，做出些不雅的事，这也很正常"于是，就产生了

第四章 隐——今日巧劲，获得幕后的胜利

但是却一无所获。

而只有那个清洁工在清理最后一车西瓜皮的时候，才发现了藏在下面的宝贝。

于是公司召开全体大会，正式提拔这位清洁工。董事长问大家："你们知道公司为什么提拔他吗？"

"因为他找到了宝贝。"当时有好几个人答道。董事长摇摇头。紧接着几个人说："因为他能够做好本职工作。"董事长摆了一下手："这不是全部原因，他最可贵的地方在于，他除了能够脚踏实地地做好自己的本职工作，在你们争先恐后寻宝的时候，他却在默默为你们清理障碍。这是一个人、一个公司最珍贵的宝贝。"

那些能够安心做好自己本职工作的人常常会遭到别人的指责：太过老实，不懂得好好表现。甚至在有的时候还会被某些"精明人"认为是"傻子"。

其实，无招胜有招正是他们最具有智慧的一大特征，他们也经常因此在事业当中获得意外收获。

很多时候正是因为无招胜有招，安心地做好自己的本职工作，不趋炎附势，不节外生枝，往往才更容易得到别人的信任和重用，而这也是无招胜有招的进取之道。在有的时候，我们不需要投机取巧，只需要低下头来踏实地努力，耐心地等待，这样就能够取得美好的结果。

赢在出路 》》》

等待伴随着奋斗的过程，是一种对世事的洞察，对自己的克制和约束，是一种生存策略。在有的时候，我们不需要投机取巧，只要低下头来踏实地努力、耐心地等待，自然就能够取得美好的结果。

保守住他人的秘密

在我们每个人的心中几乎都会有自己的小秘密,不管是情感上的、学习上的,还是人际关系上的,总之,涉及的领域非常广泛。但是,如何悉心呵护这些属于自己的领地,避免他人的践踏,这确实是一件非常困难的事情,特别是有的时候还得连着对方的秘密一起守护。

其实,能够守住秘密,这既是对他人秘密的尊重,也是一个人自尊的一种表现。可是,我们常常因为某些虚荣心理,而泄露了秘密,让自己与他人都蒙受了损失。

张小璇在一家设计公司上班,因为是由亲戚介绍过去的,所以老板还是比较关照她,除了支付给她高薪之外,公司还专门给她租了一套住房。当然,这一切都是绝对保密的,因为这些都是老板对张小璇的特别关照。可是,老板怕其他同事知道之后会影响他们的工作情绪,所以就再三叮嘱张小璇一定要保守秘密。

工作之后的张小璇,不仅待遇高不说,而且经常与老板一起指点江山。看到其他同事羡慕的眼光,在她的心里有一种极其优越的感觉。"如果能够让他们知道我的待遇也非常不错,那么他们岂不是会更加羡慕我?"所以,当张小璇的脑子里面产生了这种虚荣想法之后,便开始控制不住自己了。

有一次,同事聚会,张小璇几瓶酒灌了之后,便开始试探性地向关系最要好的同事讲了这些。看着同事那张成O形的嘴巴,张小璇感到了一种极大的满足感,结果,这种虚荣的心理让张小璇又告诉给了其他很多人。

第五章
放——胸怀大度,赢得自己的出路

放下,是一种超然的境界。放得下,是为了以后能够拿得起。人生就是赢在勇于放下,懂得取舍,用心包容。以勇气放下包袱,以冷静来掌控抉择,以平和来面对得失,以中庸来拒绝极端。这样一来,你必将是快乐的、豁达的、成功的。

培养"不争"和"无求"的心态

争强好斗、求名夺利的意义在哪里？能够让我们的生活变得更好吗？苏东坡曾经说："西望夏口，东望武昌，山川相缪，郁乎苍苍，此非孟德之困于周郎者乎？方其破荆州，下江陵，顺流而东也，舳舻千里，旌旗蔽空，酾酒临江，横槊赋诗，固一世之雄也，而今安在哉？"

那么，如何才能够让短暂的人生过得幸福而有意义，这才是我们每一个人应该去关注的重大话题。

胸怀豁达的人能够淡泊名利、不争不夺，奉献自己的爱心，能够在宽厚温和当中轻松愉快地生活；而狭隘自私的人却总是会在争狭利、斤斤计较、嫉妒相争，贪婪无度当中烦躁难安地度日。

毋庸置疑，过于好争长短，逞强好胜，在为人处世的过程中必定会丧失很多和气，结下更多的怨恨，而且到头来可能什么也没有得到。

惠子在当梁国相国的时候，有一次庄子去看他，因为两个人的关系一向非常好。庄子来了以后，有人就在背后对惠子说："庄子这次来，是想取代您相国的位置，您一定要小心点！"

结果惠子一听便担心了，决定先下手为强，捉拿庄子，以绝后患。可是硬是在全国搜捕了三天，最后还是没有发现庄子的影子。

后来，当惠子放下心来依旧当他的相国时，庄子却来求见。原来庄子并没有逃走，只是暂时躲藏了起来。

庄子对惠子说："在南方有一种鸟名叫鹓雏，您应该听说过吧。那鹓雏，其实就是凤凰一类的鸟。它是从南海飞到北海，不是梧桐不栖身，不是竹子的果实不吃，不是甘美的泉水不喝。而就在这个时候，一

第四章　隐——今日巧劲,获得幕后的胜利

唐代最大的奸臣李林甫就是一个习惯于隐藏自己真实意图,而又城府极深的人。

一天,安禄山得到了李林甫的紧急召见。等安禄山急匆匆地赶到李宅之后,拜见过李林甫之后,便端坐于客位之上,很明显的摆出一副盛气凌人的样子。而见状之后的李林甫并没有表现出什么不悦的神色,他只是用自己的两只小眼睛死死地盯着安禄山看,一句话也不说。

这时的安禄山似乎意识到了什么,他忽地转过头看李林甫,只见李林甫目光深邃,咄咄逼人,这让他感到极不舒服,不过此时的安禄山刚来时的盛气也因此削弱了一半。这时,李林甫转身告诉身边的下人,让下人传话下去宣召王珙大夫进见。

一小会儿的功夫,王珙就来到了屋前。只见王珙迈着自己细小的碎步刷刷刷地走上前来,十分谨慎小心地向李林甫大礼参拜。他小心翼翼地回答着李林甫提出的每一个问题。似乎很害怕自己说错一个字似的。

而当时的王珙在朝廷中的实际身份与地位也是仅次于李林甫的人物,从地位上来说,他应该是与和安禄山平起平坐的。但是安禄山看到的王珙却对李林甫如此敬重与畏惧,看到这里,安禄山顿时觉得有些窘迫,尽管他并没有马上起身补拜大礼,但是他却相比之前的气势能有所收敛。他开始有点拘谨,连大气也不敢出一个。

之后,李林甫令王珙退下,便与安禄山敞开心扉地说话。他将安禄山的所作所为以及安禄山的心理活动猜的非常准确,几乎全部说到了安禄山的心里去了。这简直让安禄山大吃了一惊,没想到自己内心深处的东西竟然被李林甫全部说中,而此刻的安禄山心中的感受真是难以言表,他开始有些坐立不安了。

自此之后,安禄山原本嚣张的气焰一下子收敛了许多,他再也不敢在朝廷内外诋毁或者放出一点有关李林甫的风声,因为他非常惧怕李林甫。到了晚年,朝廷分别出现了以李林甫与杨国忠为首的争权派。因为

杨国忠的背后有杨贵妃在撑腰,所以从气势上看,略占上风。当杨国忠听到已经到了风烛残年的李林甫已经生命垂危时,杨国忠心中暗自窃喜。

为了探听这一消息的虚实性,杨国忠亲自来到李林甫的家中探望。待杨国忠到了李府之后,看见李林甫面色憔悴,但犀利的目光依旧,这时的杨国忠不由得跪倒在李林甫的病床前。

李林甫见状,似乎触动了内心最脆弱的神经一般,痛苦地流下了两颗泪珠对杨国忠说:"林甫马上就要死了,我死后你必当宰相,以后我的家事还要托累于你。"而早已领教过李林甫厉害的杨国忠,深知李林甫的城府之深,又害怕遭到李林甫的设计陷害,所以紧张极了,他满头大汗,竟然半天都说不出话来。

实际上,喜、怒、哀、乐是人情绪的几种基本表现形式。在这个复杂的世界,心如止水的人已经为数不多了,没有谁不会有喜怒哀乐的表情!如果有,那也只能是"植物人"。但是拥有大智慧或者大聪明的人,一般都不会随意地将自己的情绪表现出来,以免被别人看出破绽,予人以可乘之机。

赢在出路 》》》

越是精于权术的人,城府就会越深。如果不想被小人算计,就应该学会将自己的得意与失意很好的隐藏起来,要尽可能地做到"得意而不张扬,失意而不颓废。"能够认真理性地对待。

第四章　隐——今日巧劲，获得幕后的胜利

终了。良久，温如春等人才从美妙的乐曲中回过神来，这时，只见温如春扑通一声跪倒在道人面前，行了大大的一个拜师礼。

人生其实就是个大大的万花筒，在为人处世的时候，千万不能太显露自己的聪明才智。俗话说的"人难得糊涂"，糊涂有时候并不是一件坏事，过于聪明了反而会遭到更多人的嫉妒或者伤害。

赢在出路 >>>

有一种智慧就叫"大智若愚"。小糊涂其实就是小聪明，而"大糊涂"则一定是大智慧。在做每件事情的时候一定要三思而后行，不要随随便便的就将自己完全暴露在别人面前，真正的智者就是那些永远走在最前面，却又总是最沉默的那一个。

得意时不张扬，失意时不颓废

被誉为西班牙文学世界里最伟大的文学家塞万提斯曾经说过："美丽只有同谦虚结合在一起，才配称为美丽。没有谦虚的美丽，不是美丽，顶多只能是好看。"说得多好呀！真正的美丽是不需要太过张扬就能尽显其中。低调、谦虚其实对于每个人来说，都是一笔不小的财富。但是，人在失意的时候也千万不可自我放弃，这样只会让自己在颓废中变得越来越软弱，越来越无能。

古人说得好："满招损，谦受益。"一个懂得谦逊的人，他的人生是没有止境的，他事业的发展也是没有边际的，同时他的知识面也会变得更加广博。为了不断激发人们的潜能，不断开启人们的处世智慧，有人不断地前行在探索发现的道路中。俄国著名的作家列夫·托尔斯泰也曾打过一个很有意义的比方："一个人就好像是一个分数，而他所具备的实际才能就好比分数中的分子，而他对自己的估价就好比分数中的分母，分母如果越大的话，那么，分数的值就会越小。"这样一比喻的话，让人们可以显而易见地知晓其中的道理。

无论一个人本身具有怎样丰富的知识，也不管这个人曾经是否取得过很大的成绩、显赫的地位，只要他能够正视自己所拥有的一切，能够谦虚谨慎地面对人生，而不是因为自己有了一点点的成绩就自视清高。这样的人，非常值得我们去学习、去尊重。一个人心胸的宽广关系着他是否可以博采众长；一个人不断地学习意味着他是否能够不断拓展自己的视野；如果这个人能够在不断增强自我本领的同时还能够创造出更大业绩的话。那么，这样的人无论是对自己，还是对他人或者是对社会都是有益而无害的。

古希腊著名的大哲学家苏格拉底，他自己不但才华横溢，而且还喜欢激励后进者，他不断地运用著名的启发式谈话的方式来启迪人们的智慧。每当有人赞扬他渊博的学识或者超群的智慧时，他总会非常谦逊地说："我唯一知道的就是我自己的无知。"世界著名的音乐大师贝多芬也像苏格拉底一样的谦逊，曾不止一次地对那些赞扬他的人说："我只是学会了几个音符而已。"

对于任何人来说，只要具备一定的社会阅历，或多或少就会具备一定察言观色的能力。经历了世事的洗礼，他们更能够在自己得意的时候学着低调，更能在自己失意的时候调整出最积极的一面。他们可以在自我承受的范围之内不断调整自我情绪的变化。并且还能将自己的喜、怒、哀、乐好好地收藏在自己的情绪袋里，不会轻易地拿出来让别人看。这样的话，他们就能很容易地控制自己，而不被别人钻空子，也不会轻而易举的将真实的自己暴露在外人的眼里。

第四章　隐——今日巧劲，获得幕后的胜利

的电话："……尊敬的总经理，我已对他说了，我们只是彼此浪费时间罢了……当然，我知道，好的……要是您选择一定要坚持的话……可是您要明白，低于两千万我是不能接受的……那行，我同意……咱们以后再联系，再见。"他终于挂上了电话。而在门口站着不动的顾客，看见这一幕，好像非常尴尬。"请问您有什么事？"律师微笑着问这位局促不安的客人。客人犹豫了半晌，低声说："我是电信公司的技术工人，公司派我来给您接电话线。"

我们看看，案例中的那位律师是多么可笑，像他这样急功近利，弄虚作假，能对自己的事情有什么好处呢？我们应该时刻保持清醒的头脑，再大的气球也飞不上月球，浮华的表面是很容易被捅破的，只有内心的充实才是永远的财富。

赢在出路 >>>

我们应该在工作和生活中不断地充实自己，踏踏实实地去做每一件事，千万不要盲目攀比，更不要急功近利，只有这样，总有一天，成功会光顾我们的。

自古真人不露相，随便露相不真人

相信人人都应该知道"物极必反"的道理。任何事情都应该具有一定的限度。对于一些深藏不露的意图可作出适当的利用，但千万不可滥用，更不可以随意向外泄露。一切的聪明与才智都应该稍稍的进行一些掩盖，因为"树大招风"，才智过于显露的人很容易招来猜疑与嫉妒，更有甚者可能会招致别人极度的厌恨。

春秋战国时期，有一温姓人家，由于早年一直经商，所以家底也颇为丰厚。其家有一子，取名温如春，因为从小就对琴艺颇有造诣，时间如梭，转眼间，如春就已成人。当然，至于琴艺，更不用说，顺手拈来的事情。

一次，他携几名随从出游到了山西，当他们一行几个人一起游走到一座寺庙前的时候，忽然看见寺庙门口坐着一位闭目的道人，放在道人旁边的是一个大大的布袋，袋口微露的地方出现了古琴的一个角儿。

看到这里，温如春心想："莫非这老道人也会弹琴？"，想毕，温如春二话不说的，就凑上前去，很是莽撞地问道人："你可会弹琴？"听到有人与自己搭话，之前闭目的道人这时微睁双目道："略知一二，正想拜师。"从道人的口中听到的是谦恭的语气。这时只见温如春很是高傲地回说道："不如让俺弹一首给你听听。"

接着，只见道人小心翼翼地从布袋中将琴拿出。看到确实是琴的温如春立即盘腿，席地而弹，刚开始的时候，温如春也是很随意地拨弄了一首，只见道人微微一笑，但并不言语。见道人对自己所弹奏的曲子没有什么大的反应，于是又弹奏了一曲，道人依然没有反应。看着道人如此的反应，温如春有点恼怒，他非常生气地对道人吼道"你怎么了，难道是我弹得不好？"

这时候道人不紧不慢地开口回答道："还行吧，但也并非我想拜之人。"听完道人的这一番话，温如春实在沉不住气了，便带着挑衅的口吻对道人说："那就算我弹得不行，那你倒是试试看，到底有多好，也让大家见识见识。"

道人依旧是不做声，只是轻轻地从温如春手中接过琴，在琴上轻抚了几下，所发出的声音如流水淙淙，又如晚风轻拂，让当场的所有人都听得如痴如醉，甚至连周围的树杈上都停满了前来听曲儿的小鸟。一曲

第五章 放——胸怀大度，赢得自己的出路

事实上，他说的确实没有错。可是很少有人愿意听别人羞辱自己判断力的实话。身为一个普通人，彼得这个时候开始为自己辩护。

他说贵的东西肯定会有贵的价值，你不可能用一个便宜的价钱买到质量高，而且还有艺术品位的东西。

就这样，第二天，另一位朋友也来拜访，开始赞赏起那些窗帘，表现得非常热心，说她希望自己的家里也能够购买这些精美的窗帘。彼得的反应完全不一样了。"说句老实话，我自己也负担不起，我觉得窗帘的价钱太高了，我后悔订了这些窗帘。"

当我们发现自己错的时候，也许会对自己承认。而如果对方处理得方法很适合，并且态度友善可亲，我们也许就会对别人承认，甚至是以自己的坦白直率而自豪。但是如果有人想把难以接受的事实硬塞给我们的话，试想，我们的感觉将会怎样呢？

赢在出路 》》》

宽容地对待别人的错误，敢于承认自己做错的事情，当你退了一步，就会让对方大大前进一步，你其实并没有损失什么，反而还能赢得友谊。

越能放下，就越快乐

扔掉你人生的包袱，它可以放飞你的心灵，也可以还原你的本性，让你真实地享受人生。舍弃就意味着选择，没有明智的舍弃就没有辉煌的选择。

学会舍弃是一件愉快的事情，更是一种保持快乐的能力。快乐与痛

苦就好像是一株并蒂莲，如果我们放不下痛苦，那么就永远也无法看到另一边的快乐。"放下就是快乐"是一个开心果，是一粒解烦丹，是一只欢喜蝉，只要你心无挂碍，能看得开、放得下，何必去担心没有快乐的春莺在啼鸣呢？任何事情都看得开、放得下，这样才会心无挂碍，才会轻松快乐。在有的时候，"放下问题"其实就是"解决问题"。

曾经有一个青年背着一个大包裹千里迢迢跑来找无际大师，他说："大师，我是那样的孤独、痛苦和寂寞。长途跋涉会让我疲倦到极点，我的鞋子破了，荆棘割破了双脚；手也受伤了，流血不止；嗓子也因为长久地呼喊而声音沙哑……为什么我还是不能够找到心中的目标呢？"

无际大师问："你的大包裹里面装的是什么啊？"这个青年说："它对我来说非常重要。里面装的是我每一次跌倒时候的痛苦，每一次受伤之后的哭泣，每一次孤寂时候的烦恼……也正是靠着它，我才走到了您这里。"

于是，无际大师带着青年来到了河边，他们坐船过了河。上岸之后，无际大师说："你扛了船赶路吧！""什么？扛了船赶路？"青年听后非常惊讶："船那么沉，我扛得动吗？""是的，孩子，你扛不动它。"无际大师微微一笑，说道："过河的时候船是有用的。但是过了河，我们就要放下船去赶路，不然的话，它就会成为我们的包袱。痛苦、孤独、寂寞、灾难、眼泪，这些对人生都是有用的，它能够让生命得到升华，但是须臾不忘，则会变成了人生的包袱。所以放下它吧，孩子，生命不能够有太多的负重。"

于是青年人放下了包袱，继续赶路，这个时候他发现自己的步子轻松而愉悦，走路也比以前快多了。

原来，生命是不可以过度负重的。其实，人的这一生能够得到什么

第五章　放——胸怀大度，赢得自己的出路

道理，让你改变看法。"那是一种刺激人的挑战。而且那样会引起争端，从而让对方远在你开始之前，就准备迎战了。

曾经有一位年轻的律师，他在纽约最高法院参加了一个重要案子的辩论。这个案子牵涉一大笔钱和一个重要的法律问题。

在辩论的过程中，一位最高法院的法官对他说："海事法追诉的期限是6年，对吗？"这位律师顿时停住，他看了法官半天，然后直率地说："法官先生，海事法是没有追诉期限的。"这个时候，法庭内顿时安静下来。

在后来，他讲述他当时的感受时说："气温好像是一下子降到了冰点。我是对的，法官是错的。而且我也据实告诉了他，但是那样就让他变得更加友善了吗？没有。虽然我依旧相信法律站在我这一边。我也知道我讲得比过去精彩。但是我并没有学会尊重他的感情，用讨论的方式据理说明我的观点，而且是当众指出一位声望卓著、学识丰富的人错了，从而引起了争端人的误会。"

所以，如果有人说了一句你认为错误的话，那么即使你知道是错的，你也一定要这么说："噢，这样啊。我倒有另一种想法，但是也许不对。如果是我弄错了，我非常愿意被纠正过来。"其实，用一句"我也许不对"这样的句子，往往可以收到神奇的效果。

在富兰克林年轻的时候，他有一个好争辩的习惯，当时的一位教友会的老朋友把他叫到一旁，尖刻地训斥了他一顿："你真是无可救药。你知道吗，你已经打击了每一位和你意见不同的人。你的意见变得太珍贵了，没有人承受得起。你的朋友突然发觉，如果你在场，他们就会非常不自在。由于你知道得太多，没有人再能告诉你什么，也没有人打算

告诉你些什么，因为他们这样做等于是吃力不讨好，反而还会弄得非常不愉快。所以，你不能够再吸收新知识了，但是你的旧知识却是有限的。"

在这次训斥之后，富兰克林接受了这次教训。他很快就明智地领悟到他的确是那样，也发现他正面临失败和社交悲剧的命运。

于是，富兰克林下定决心要改掉傲慢、粗野的习惯。"我当时立下了一条规矩，"富兰克林说，"绝对不允许自己太武断。我甚至不准自己在文字，或者是语言上有太肯定的意见表达，比如'当然'、'无疑'等，而我想改用'我想'、'我假设'、'我想象一件事该这样或那样'或者是'目前，我看来是如此'等等。

在别人陈述一件事情而我不以为然的时候，我绝对不会立刻驳斥他，或者是立即指正他的错误。我会在回答的时候，表现在某些条件和情况的时候，他的意见没有错，但是从目前这件事情上来看，好像稍有不同等。

而我很快就领会到了我这种改后态度的收获：凡是我参与的谈话，气氛都会融洽很多。我就是以谦虚的态度来表达自己的意见，不但很容易被接受，而且还减少了一些实际的冲突。我发现自己有错的时候，也不再会有什么难堪的场面。而如果是自己正确的时候，更能够说服对方不固执己见而赞同我的观点。"

而针对这一点，卡耐基先生也有过同样的感受。

卡耐基说：有一次，他的朋友彼得邀请一位室内设计师为自己的卧室布置一些窗帘。结果等到账单送来的时候，他大吃一惊。

过了几天，一位朋友来看彼得，看到了这些窗帘，问起价钱，这位朋友面有怒色地说："什么？太过分了，我看他是占了你的便宜。"

第五章　放——胸怀大度，赢得自己的出路

有几个不是"十年磨一剑"？珍珠放在任何地方都有再现光彩的时候，而金子也总有会发光的一天，它们所需要的就是时间和机遇，可是现在的很多人却是等不及的。

古语云："不患人之不己知，患其不能也。"现在正好相反，总是担心别人不识货，只要自己刚刚取得一点成就，就开始着急推销自己。

孟买的佛学院是印度最著名的佛学院之一。这所佛学院之所以著名，除了它的建院历史久远、辉煌的建筑和培养出了许多著名的学者之外，还有一个特点，而且这一特点是其他佛学院所没有的。

这是一个非常微小的细节，但是，所有进入这座佛学院的人，当他们再出来的时候，几乎无一例外地承认，正是这样一个细节才让他们有所顿悟，而且也是这个细节让他们受益无穷。

这其实是一个很简单的细节，只不过是很多人没有注意而已：在孟买佛学院的正门一侧，又开了一个小门，而这个小门只有1.5米高，40厘米宽，一个成年人如果想从这里进去，必须弯腰侧身，不然就只能够碰壁了。

这正是孟买佛学院给它的学生上的第一堂课。所有新来的人，教师都会引导他从这个小门进出一次。

很显然，所有的人都是弯腰侧身进出的，尽管这样有失礼仪和风度，但是却达到了目的。教师说，大门当然出入方便，而且可以让一个人非常体面，非常有风度地出入。但是，在很多时候，我们要出入的地方并不都是有着壮观的大门。这个时候，只有暂时放下尊贵和体面的人，才能够出入自如。不然的话，就只能被挡在院墙之外了。

在生活当中，想要让自己的人生旅途变得一帆风顺，少遇到挫折，那么就必须学会"弯腰、低头、侧身"，这其实是每一个人必不可少的

修炼课。

　　谦虚并不是自卑自贱,是有傲骨而不显示出傲气,自信而不自傲,等于给自己留有余地。不张扬,成功了会有惊喜,即使失败了也不会招来冷语。

　　我们要明白,谦虚并不是目的,谦虚是"不敢为天下先"的独善其身的人生态度。不飞则已,一飞冲天;不鸣则已,一鸣惊人。少年得志的人,轻者恃才傲物,重者甚至会不思进取。但如果谦虚的话,就不会出现这样的结果。求势,积累了一定的势,才能够把足够强大的潜能转化成为力量。

赢在出路 >>>

　　谦虚做人是一种境界,一种风度,一种修养,更是一种无意的胸襟,一种宠辱不惊的情怀。我们每个人都应该以平常心面对喧嚣的世界,纷扰的人群,从不表现得骄慢、卖弄和过分张扬,始终把自己看作是社会上普普通通、实实在在的一员。

宽容地对待别人的错误

　　如果,你认定是别人的错误,而且还非常直率地告诉他,那么结果会如何呢?不论你是用什么样的方法指责别人,一个眼神、一种说话的声调,以及一个手势,同样都是明显地告诉别人——他错了,你认为他会同意你的观点吗?是绝对不会的。因为这样等于就是直接打击了他的判断力和自尊心。这样只会让他进行反击,绝对不会使他改变主意。

　　也许你会搬出所有柏拉图或者是康德式的逻辑,但也是无法改变他的意见的,因为这等于就是在说:"我比你更聪明。我需要告诉你一些

第五章　放——胸怀大度,赢得自己的出路

只猫头鹰抓住了一只腐烂的死老鼠,鹓雏从它的身边走过,猫头鹰这个时候便紧张起来了,抬头对鹓雏发出'吓'的怒斥声。你现在想用梁国相位来恐吓我吗?"

听庄子讲完这个故事,惠子面红耳赤,不知道说什么好了。

我们每个人都生活在世间,如果能够以历史的眼光来看待人生,那么就会感到人生之渺小,生命之短暂。

因此,在生活当中,人们就更应该多一分谦让,少一分嫉妒与争斗。我们为什么不能够以宽广豁达的胸怀去拥抱轻松愉快的生活呢?

争强好斗,不仅最终得不到什么,相反,还会因为丢掉生命当中许多宝贵的东西,比如情感、友谊、轻松、快乐,乃至生命。

"不争",并不是让你无动于衷而无所作为,而是劝解人们任何事情都应该顺其自然,不要一味的巧取豪夺。

人世间的纷争不断,说到底就是为了名、利、情而争。一个人如果不争名、不争利,有些人就可能会认为他软弱无能,其实不然。

老子在《道德经》中说:"水善利万物而不争。"在《道德经》最后收笔的时候又写道:"圣人之道,为而不争。"而且在《道德经》第六十六章当中也明确指出了"为而不争"是人生修养的最高境界,所产生的最终结果就是"以其不争,故天下莫能与之争。"

"天之道,利而无害;圣人之道,为而不争。"《道德经》末尾的这句话,让我们读起来就能够感受到这位中国古代的大先知对生活在世俗当中人们的最后一次叮咛。

在圣人的心目中,人世间为了名利或物质享受所发生的争争斗斗,就好像是人在观看两只蚂蚁在争夺一块腐肉一样,是如此不值一提。

赢在出路 »»»

所谓"不争",就是指不争功、不争名、不争利。如果说"善者不辩"是提醒人们注意修口的话,那么"为而不争"则是劝人们修心向善。

人世间的觉者也都具有"为而不争"的心态,默默地为他人奉献而不寻求回报,与他人没有任何纷争,对社会与自然也没有任何索取,这确实是一种超凡脱俗的崇高精神境界。

放下傲慢,有傲骨而无傲气

俗话说:"欲成事,先成人。"谦虚是美德,更是对他人的尊重。

有很多人,或者是老一辈给置下了丰厚的家业,或者是考上了某一所名牌大学,于是便产生了一种优越感,他们往往不太在意别人,不懂得尊重他人。在他们的言谈举止当中总有一种不可一世的感觉,而且时时刻刻都显示出高人一等、更胜一筹的做派。结果久而久之,他们就变得霸气逼人,盛气凌人,傲气欺人了。其实,人不要将优越感时刻放在心上,因为一旦出现了优越感,那么灾祸的来临也就为期不远了。你的每一次傲慢其实就是在给自己设置一个陷阱,到了最后,你将处在自己布下的天罗地网当中。

也许在很多时候,别人并不太在意你的优越,其实只有你自己看重;也许别人可以容忍你的一次傲气,但是却不可能永远容忍你的傲气;也许某一个人可以长久的容忍你的傲慢,但是并不是所有的人都能够容忍你的傲慢。

一个人的学问和气度是成正比的,成大事者,大学问家,他们当中

第五章 放——胸怀大度,赢得自己的出路

而汉文帝认为贾谊年轻有为,很有见识,于是有心提拔他,并且委以重任,但是却受到了重重阻力。

首先是一些功臣显贵,比如绛侯周勃、颍阴侯灌婴、东阳侯张相如、御史大夫冯敬等,他们都是汉朝的开国功臣,后来又除诸吕立文帝安刘氏再立新功。他们封侯拜相,位高权重,到了文帝朝,他们都已经年老了,自恃功高,思想守旧,胸襟狭隘。对于贾谊这样学识渊博、又有新思想的年轻文人,他们既因为贾谊年轻,资历浅而看不起他,又因为他才华过人而嫉妒他,还有贾谊之前的革新思想已经得罪了这些权贵。所以,让贾谊和他们平起平坐,显贵们自然是接受不了的。

在当时,文帝才即位不久,而周勃、灌婴这些人都是先帝的旧臣,权重势大,文帝虽然欣赏贾谊的才能,但是也不能违背权贵的意愿而进一步提拔他。

还有另外一个障碍就是文帝的宠臣佞悻邓通,邓通没有什么才学,完全是靠运气才受宠的,邓通嫉妒贾谊的才能,于是就经常在文帝面前说他的坏话,就这样,文帝也渐渐疏远了贾谊。

在内外夹击的情况下,贾谊没能施展他的抱负,23岁时被贬为长沙王的太傅。汉文帝七年,文帝由于太想念贾谊了,于是便把他从长沙调了回来,并让其任自己的太傅。

贾谊回到长安之后,朝廷上发生了很大变化,灌婴已死,周勃在遭冤狱被赦免后回到绛县封地,不再过问朝中政事。但是,此时的文帝还是没有对贾谊委以重任,只是把他分派到梁怀王那里去当太傅。主要原因就是因为邓通,贾谊曾多次得罪过他,加上邓通本来就很嫉妒贾谊,所以,邓通这个时候成为了贾谊仕途上的一大障碍。后来梁怀王因坠马而死,贾谊深自歉疚,33岁的时候就因为忧伤而死。

贾谊虽然是有治世之才,但是却因为他不懂得处世之道。结果,贾

谊的聪明才智不仅没有让他的官运亨通，反而让他树立了不少敌人。贾谊之前的顺风顺水，到后来却因为不懂得低调而招众人嫉妒。"直木先伐，甘井先竭。"可见，处世要低调一些，锋芒太盛反而容易夭折，那么就太不明智、太不划算了。

赢在出路 》》》

《菜根谭》中说："藏巧于拙，用晦而明，寓清于浊，以屈为伸，真涉世之一壶、藏身之三窟也。"做人宁可显得笨拙一些，也不要显得太聪明，宁可收敛一下，也不可锋芒毕露；宁可随和一点，也不可自命清高；宁可退缩一点，也不可太积极前进。

别逞一时之气

当你遇到不利情况的时候，或者是对自己可能造成的伤害情况的时候，千万不能够凭借一时的冲动去办事情，千万不要因为逞匹夫之勇，最后毁掉了自己的前程。

我们如果打算要干出一番事业，那么在实力和规模还不足以搏击长空的时候，千万要懂得不能与人家硬拼的道理，反而应该在不显山、不露水中悄然进行发展。

在古时候，我国北方的边陲，有两个部落之间发生争战。结果一个部落被打败，而胜利的那个部落决定杀死被打败部落里面10岁以上的所有男人，但是最后却有一个14岁的男孩幸免于难。

原来当一个首领将矛刺向卧伏在草丛当中的这个男孩子的时候，却被另外一个头目制止住了，原因就是这个大男孩看起来非常的愚钝，当

第五章 放——胸怀大度,赢得自己的出路

弼带领郭子仪分给他的军队,屡建奇功,成为与郭子仪齐名的保国功臣。

唐代宗大历二年(公元767年)十二月,有人趁郭子仪出兵平乱之机,掘了郭子仪父亲的坟墓,这件事惊动了唐代宗。唐代宗派人破案,却没有结果。人们怀疑是朝中宦官鱼朝恩指使人干的,鱼朝恩一向嫉妒郭子仪,并多次向皇上进谗言,一再阻挠皇上任用郭子仪。郭子仪平定叛乱,班师回朝。他入朝觐见时,皇帝先提起此事,然而郭子仪却一边哭一边说:"我作为主帅,一生杀敌如麻。这一定是因为我罪孽深重,触怒了玉帝。玉帝便派天兵天将把我的祖坟挖了,让我披上了不忠不孝之名,这是报应呀!"皇上以及满朝的大臣原本都很担心,怕郭子仪闹事,听了他的回奏后,都对他非常钦佩。

郭子仪把祖坟被挖归结为天谴,让唐代宗及满朝文武大臣,虚惊一场。同时,这件案子也就不了了之。其实郭子仪对于祖墓被毁的原因也是明白的。但他却心系国家安危于己身,无暇顾及自己的私人恩怨。

郭子仪功德越高却越受人们尊敬。吐蕃、回鹘很佩服他,称他为神人,皇帝从不直呼他的名字,甚至一些安史之乱的叛将都很尊敬他。

难得糊涂,是人屡经世事沧桑之后的成熟和从容。成功的处世之道就在于人宽广的胸襟,非凡的气度。为人不骄不躁,谦恭而不张扬,遇事不惊不慌,冷静而不失措。对小人的嘲讽谩骂,不愠不馁;用一颗平凡之心,方能行效君子之美行。正所谓:"水至清则无鱼,人至察则无徒。"

赢在出路 》》》

我们做事情就怕钻牛角尖,斤斤计较,本来是很小的一件事情,但是由于你死抓不放,不仅让自己很累,而且还会让周围的人与你难以相处,所以,适当放开你的手与心,让一些不是事情的事情随风远去。

不要显得比别人聪明

　　荷兰的著名哲学家，16世纪初的欧洲人文主义运动主要代表人物伊拉斯谟曾经说："人类的灾难源于聪明睿智，拯救灵魂的奥秘是愚鲁。"

　　高智商、强能力这其实是上天赋予我们的一笔人生财富，用好了可以为你赢得成功，用不好就有可能会使你失败。

　　贾谊是西汉著名的政论家及文学家，他在18岁的时候就因为其才华而出名，21岁时经河南郡守吴公的推荐，被文帝任命为中央政府博士，在当时所有的博士当中是最年轻的。

　　博士其实就是皇帝的咨询官，每次汉文帝有问题都会向博士们讨论，而每次贾谊都能够把其他博士想说但又不敢说的看法讲的是头头是道，有理有据，那些"老"博士们暗地里都非常佩服他的才能，文帝也非常赏识他，所以在一年之中就破格提拔他为太中大夫。

　　贾谊认为汉朝的政局已经稳定，为了巩固汉朝的统治，于是他向汉文帝提出了一系列针对"汉承秦制"的改革措施，但是文帝却认为时机还不成熟，所以没有采纳。

　　在文帝二年，贾谊帮助汉文帝修改和订立了许多政策和法令，这些当中包含了"遣送列侯离开京城，回到自己封地"的措施。而列侯肯定是不愿离开京城到自己的封地去，这项条文实行起来变得是非常不易，当时陈平已死，功劳最大、权最重的是绛侯周勃，汉文帝于是先让周勃带个头，就免了他的丞相职务，到自己的封地去。这样一来，列侯们才陆续离开京师。所以，贾谊也因此而得罪了这些功臣元老。

第五章　放——胸怀大度，赢得自己的出路

他则是名牌大学的毕业生，并在外资企业已经有了五年的工作经验，独立有主见，工作能力强。但是由于个性率直，所以在讨论一些工作问题的时候，他向来是直来直去，为此他经常与自己的上司发生争执。虽然经理有的时候也对他有一定的暗示，可是他却不以为然。时间长了，经理便逐渐疏远了他，而他自己也渐渐失去了施展才能的舞台。

其实这个人犯了一个不小的错误，那么就是锋芒太露，个性过于张扬。其实，如果你能够仔细看看周围那些有人缘的人，你就会发现，他们毫无棱角，言语如此，行动更是如此。他们每个人都是深藏不露，表面上看起来好像他们都是一些碌碌无为的庸才，其实他们的才能，往往不比你差；他们看起来各个好像都很讷言，其实是其中颇有善辩者；他们看起来好像各个胸无大志，其实是颇有雄才大略而不愿久居人下者。但是他们却不愿意在言谈举止上露锋芒，也不愿意做出众的人物，这其中的奥秘显而易见。

赢在出路 》》》

俗话说："枪打出头鸟。"因为他们有所顾忌，锋芒太露的话，是非常容易得罪别人的，那么，等于是给自己前进的路上制造障碍物。锋芒太露，也容易招惹别人的妒忌，别人妒忌也会成为你的阻力，成为你前进道路上的破坏者。

水至清则无鱼

宽容待人的人不为一些小事斤斤计较，不为一些小事烦恼。没有人愿意与斤斤计较的人打交道，如果一个人对他人过于苛刻，就会对什么

事都看不惯，不仅容不下别人，自己也会为周围的人所不容，甚至会招致怨恨。这就要求人们做人、处世要宽容大度。

郭子仪的一生算得上完美了，尽享功名、利禄、福寿、天伦，这是历史上为数不多的。他功高盖主，但是却能让皇帝信任他；他也遭人嫉妒，但总能化敌为友，甚至敌人都敬他三分。郭子仪能五福俱全地过完他的一生，与他宽厚待人，不与人计较有很大的关系。

郭子仪戎马一生，为朝廷效力六十余年，系天下安危于一身，为大唐的和平做出了重要贡献。他任劳任怨，从不计较个人得失，处处以国家利益为重，即便是遭人陷害却依然能以国事为重，他用自己的实际行动获得了皇帝的信任和敌人的尊敬，最终使所有对他有偏见的人都改变了对他的看法。

"权倾天下而朝不忌，功盖一世而上不疑，侈穷人欲而议者不之贬。"郭子仪不仅骁勇善战，有勇有谋，还是历史上少有的功高震主却没有遭到帝王猜忌的人。

郭子仪与李光弼同是唐朝的名将，都曾在朔方节度使麾下当牙将，但因为性格不合，常常为一些小事争吵，互不服气。安史之乱爆发后，唐肃宗提拔郭子仪为朔方节度使，位居李光弼之上。李光弼担心郭子仪报复，故意刁难他，就想调到别的藩镇去。但是让李光弼没有想到的是，郭子仪不仅对以前的恩恩怨怨只字未提，还举荐他为河东节度使，并分了一万军队给李光弼，送他出征。

郭子仪的做法把李光弼给搞糊涂了，心想一定是让他去送死，但是朝廷之命又不能不从，所以在临行前李光弼对郭子仪说："我死而无憾，但求你放过我的妻儿。"郭子仪听到李光弼误会了自己，就伤心地说："现在国难当头，我欣赏将军的才能，才点你的将，愿与你共赴疆场保家卫国，哪里还有什么私仇呢？"李光弼听后十分感动，二人前嫌尽弃。李光

第五章 放——胸怀大度，赢得自己的出路

呢？只有过程，只有注满在这个过程中的心情。所以，我们一定要注满好心情。既然失败已经无可挽回，那么为什么不能够将注意力转移，将自身的强烈痛苦转化为永恒的美好，何必让自己苦苦执著于那些令自己不快的事物，坚持做一个可歌可泣的悲剧英雄呢？

快乐应该来自于内心，而不是存在于外在。人生是有限的，摆在我们面前的是许多需要我们去完成的事情，而且想要做的事情更多。在这样有限的时间里，如果把时间都浪费在曾经那些痛苦、孤独、寂寞、灾难和眼泪上，想一想，这是多么令人可惜的事情啊！

既然你认为与对方来往已经没有什么价值了，那么就应该像快刀斩乱麻一样，断然斩断情丝，为新的目标而继续奋斗。以前的经历可以成为我们今后的借鉴，但是却不能够因此而背上包袱，因为我们还有很长的路要走。只有丢掉那些失败、哭泣、烦恼，轻轻松松上路，你才会越走越快，越走越欢愉，路也就会越走越宽。

其实，一个人越是能够放得下很多事情，他才越能够快乐。在很多时候，问题就好像是一个包袱，挡着你的出路，所以你不如暂且把它搁置一旁，积蓄起新的力量，采取一个新的姿势去实现目标。试想，一个全身挂满了包袱的人，移动一步都会觉得非常吃力，又怎么可能奔跑起来呢？如果一味地用过去的事情来折磨自己，结果只能痛苦不堪，错上加错。

在生活当中，我们要懂得舍弃。有的时候舍弃不仅仅是一种勇气，而且也是一种智慧。我们千万不要抱着旧的思维模式止步不前，如今时代的发展已经对我们提出了新的要求。

赢在出路 》》》

人生有尽，精力有限，如果我们把名誉、财富、权势、地位、爱情等统统抓在手中，那么就无法腾出手脚去创造，负重太多，自然是难以

远行的。为了达到我们更远大的目标，充分实现我们的人生价值，我们就要有所舍弃，去寻求一片属于自己的放飞心灵的天空。

收敛个性，不过分张扬

不管是听来的，还是书上看到的，古时候那些身怀绝技之人，晚年总是喜欢隐岩谷、乐林泉，如今我们细细品味，这确实是一种境界。

我们看很多武侠小说，好像从来没有什么无法破解的绝招，其结局往往也是弄刀的刀下死，弄枪的枪下亡。而古来的大凡隐士高手，之所以能够蛰伏龟居、深藏不露，无不看穿名利背后的危险。

正所谓"水浅多小虾，潭深藏蛟龙。"名人不一定是高人，而高人不一定非常有名，因为他们总是深谙"天外有天，人外有人"的道理。

其实，无论职位高低、水平高低、资产多少，只要能够踏踏实实地做人，规规矩矩地处事，那么即使路再窄，也能够任君通行。但是如果反之行事，世界虽大，却难免处处碰壁，重则甚至会毁了你的一生。

我们在社会当中，无时无刻不与社会发生着各种各样的联系。而这其中最重要的就是顺应社会。所谓顺应社会，实际上就是如何调整自身在社会环境中的关系，更深一层讲，在本质上还是指如何调节与周围人群之间的关系。处理与周围人群的关系，说起来容易，可是真正做起来，却是非常困难的。正所谓百人百性，与不同的人交往需要用不同的尺度。

曾经有这样一个人，他应聘到了一家公司任职不久，部门经理就对他说："老弟，我随时准备交班。"说句实在话，当时他自己也是这么想的，因为经理本来就是自学成才，知识和修养都存在先天的不足，而

第五章　放——胸怀大度，赢得自己的出路

矛刺向他的时候，他居然还在那里傻乎乎地看热闹，而且也不知道求饶，更不知反抗和逃跑。就这样，这个男孩子幸存下来，他与其他10岁以下的男童，最后被当做未来的奴隶而幸存下来。

可是事实上，那个14岁的男孩不仅不傻，反而智慧超群，他的名字叫关山，29岁的时候，他率领本族人最终打败了他的仇敌，从而报了血海深仇。

可见，在处境不利于自我生存和发展的时候，能够让自己不引人注意或者是不被他人关注，那么就可以保全力量，以便日后东山再起，另谋大计。

古今中外，一些过分张扬、锋芒毕露的人，不管功劳多大，官位多高，最终大多数都不得善终，这其实是尽人皆知的历史教训。吴王箭射灵猴的故事就给人以莫大的启迪。

有一天，吴王乘船在长江之中游玩，登上了猕猴山。而在路上刚好有一群聚在一起戏耍的猕猴，这个时候看见吴王前呼后拥地过来了，于是立即一哄而散，躲到深林与荆棘丛中去了。

但是偏偏有一只猕猴，它想在吴王面前卖弄一下自己的灵巧，于是它就故意在地上得意地旋转，旋转够了，又纵身到树上，攀援腾荡。结果吴王看这猕猴居然如此逞能，心中很是不舒服，于是就拈弓搭箭射它，可是没有想到，这只猕猴从容地拨开射来的利箭，并且还敏捷地把箭接住了。

这一下，吴王脸都被气红了，于是命令左右人马一齐动手，箭如风卷，猕猴最终无法脱逃，立即被射死了。

之后，吴王回头对自己身边的人说，"这灵猴正是夸耀自己的聪明，倚仗自己的敏捷居然敢傲视本王，我必要索取它的性命。"

可见，我们做事情一定要懂得宽容和忍耐，千万不要用自己的姿态声色骄人傲世，这样必定是得不偿失。

赢在出路 》》》

在生活中，经常会发现有的人只要稍微有了一点名气就开始到处洋洋得意进行自夸，喜欢听别人的奉承，其实这样的人迟早是会吃亏的。所以在处于被动境地的时候，一定要学会藏锋敛迹，培养实力。

第六章
让——宽以待人,多给别人退路

　　我们之所以成功,就是因为我们明白这样一个道理,人生并不是在任何时候都需要勇往直前的,人生更多时候是需要迂回的,进需要有足够的勇气,退则需要更大的勇气和更多的智慧,在适当的时机,转个身,退一步,那么你必然会获得更大的进步和更多的收获。

不给对方空间，就没有自己的空间

一个"退"字，在很多人的眼里是一件非常不光彩的事情，因此他们凡事争、抢、夺，却从来都没有想过让与退。事实上，那些在生活当中懂得"退"的人，才是真正的智者。

有这样一条大河，河水波浪翻滚。在这条大河上有一座独木桥，桥非常窄，仅用一根圆木搭成。

有一天，有两只小山羊分别从河两岸走上桥，到了桥中间两只山羊相遇了。可是因为桥面太窄了，两只山羊谁也无法通过，但是这两只山羊谁也不肯退让。后来，这两只山羊在桥上用角顶撞起来，双方是互不示弱，拼死相抵，最终双双跌落桥下，被河水吞没了。

这则寓言非常简单，但是却蕴涵着深刻的道理：在狭窄的路口，不妨让别人先行，自己先退让一步。表面看起来自己可能是吃亏了，可是实际上，如果彼此互不相让，势必会两败俱伤，倒不如稍作退让，可以免去更多的麻烦。

"人情反复，世路崎岖。行去不远，须知退一步之法，行去远，务加让三分之功。"确实，这样做明为退，实为进，这是一种比较圆熟的做法。

原本一条道路本来就狭窄，再加上拥挤更是无处下脚，如果是自己退一步让人先走，那么自己等于就有了两步的余地，可以轻松走路了。两相对照，自然这是有利于自己的做法。

在《老子》中说："持而盈之，不如其已；揣而锐之，不可常保；

第六章 让——宽以待人，多给别人退路

金玉满堂，莫之能守；富贵而骄，自遗其咎。功成，名遂，身退，天之道。"这句话的意思是：始终保持半盈的状态，不如停止它；不停地磨砺锋芒，欲使之光锐，但是却难保其锋永久锐利；满室的金银珠玉，也很难永恒地守护住它；人富贵了就会产生骄奢淫逸的心理，反而容易犯这样或者是那样的错误。功成名就则隐退，此乃天理。这也是劝诫人们功成名就、官显位尊后，应该辞去高位，退而赋闲，也即退一步海阔天空。

《史记》曾经记载了这样一个故事：

战国时代的范雎本来是魏国人，后来他到了秦国。他向秦昭王献上了远交近攻的策略，深为昭王所赏识，于是就把他升为相国。但是他所推荐的郑安平与赵国作战失败，这件事情让范雎意志消沉。

根据秦国的法律，只要被推荐的人出现了纰漏，那么推荐的人也要受到连坐的处分。但是秦昭王却并没有问罪范雎，这样他的心情更加沉重。

有一次，秦昭王叹气道："现在内无良相，外无勇将，秦国的前途实在令人焦虑。"

秦昭王的意思原本为刺激范雎，希望他振作起来再为国家效力。但是范雎心中却另有所想，因此而误会了秦王的意思，感到非常恐慌。

恰好这个时候有一个名叫蔡泽的辩士前来拜访他，对他说道："四季的变化是周而复始的：春天完成了滋生万物的任务之后就让给了夏；夏天结束养育万物的责任之后就让给了秋；秋天完成成熟的任务之后，就让给了冬；冬天把万物收藏起来，之后又让给了春天……而这便是四季的循环法则。现如今你的地位，在一人之下万人之上，日子一久，恐怕有所不测，那么则应该把它让给别人，这才是明哲保身之道。"

范雎听完之后，大受启发，便立即引退，并且推荐蔡泽继任相国。

这不仅保全了自己的晚节,而且也表现出了他大度无私的精神风貌。

到了后来,蔡泽就相位,为秦国的强大做出了重要贡献。而当听到有人责难他之后,也毫不犹豫地就舍弃了相国的宝座而做了范雎第二。

由此可见,有高尚气节的君子,不会一味地贪图富贵安逸,在适当的时候,他们会主动退出舞台,为后来者提供发挥的余地。

赢在出路 》》》

在很多时候,"退"并不是一种怯懦,更不是一种无能的表现,而是一种处世的大智慧,学会了退,才能够保住自己一生平安,才能够为自己赢得良好的声誉。

切忌得理不饶人

与人相处,我们会遇到他人对自己的利益进行侵犯的时候,如果不是一些大的原则性的问题,那么不妨大度一点,一笑了之,展现自己的大家风范。

20世纪50年代,中国台湾的许多商人都知道于右任是著名的书法家,于是纷纷在自己的公司、店铺、饭店门口挂起了署有于右任题写的招牌,以招徕顾客。但是在这当中,真正是于右任所题的作品极少,以赝品居多。

有一天,一位学生匆匆地来见于右任,说:"老师,我今天中午去了一家平时经常去的小饭馆吃饭,想不到他们居然也挂起了以您的名义题写的招牌。这简直就是明目张胆地欺世盗名,您老说这些人可恶不

第六章 让——宽以待人，多给别人退路

可恶！"

而正在练习书法的于右任听完之后"哦"了一声，于是就放下了毛笔，然后缓缓地问："他们这块招牌上的字写得到底好不好？""好，我也就不说了。"学生叫苦道："真不知道他们是在哪儿找了一个新手写的，字写得是歪歪斜斜的，简直难看死了。而且下面还签上老师您的大名，连我自己看完之后都觉得害臊。"

"这可不行！"于右任沉思之后说，"你说你平时经常去那一家馆子吃饭，他们所经营的东西有什么特点，店铺就叫什么名字？"

"其实就是一家面食馆，店面虽然不大，但是饭菜都还做得干净。特别是羊肉泡馍做得是非常的地道，铺名就叫'羊肉泡馍馆'。"

"呃……"于右任沉默不语。

"我现在就去把它摘下来。"学生说完，转身就要走，但是却被于右任喊住了。

"慢着，你先等等。"

只见于右任顺手从书案旁边拿过了一张宣纸，拎起毛笔，刷刷在纸上写下了些什么，然后交给了在一边等候的学生，说道："你去把这个东西交给店老板。"

结果学生接过宣纸一看，不由得呆住了。只见纸上写着笔墨酣畅、龙飞凤舞的几个大字："羊肉泡馍馆"，而在落款处则是"于右任题"几个小字，并且还盖了一方私章。整个书法，可称漂亮之至。

"老师，您这……"这位学生非常不解。

"哈哈。"于右任抚着长髯笑道："你刚才不是说，那块假招牌的字实在是惨不忍睹吗？虽然这冒名顶替固然可恨，但是毕竟说明他还是瞧得上我于某人的字，只是不知道真假的人看见那假招牌，会以为我于大胡子写的字真的那样差，这样一来我岂不是吃了大亏？我不能砸了自己的招牌，坏了自己的名声！所以，我就帮忙帮到底，还是要麻烦你再去

跑一趟，把那块假的给换下来，怎么样？"

"啊，我明白了。学生遵命。"转怒为喜的学生拿着于右任的题字匆匆去了。结果，这家羊肉泡馍馆的店主居然以一块假招牌换来了当代大书法家于右任的墨宝，更是喜出望外。

一个人能够大度而睿智的低调做人，有的时候比横眉冷对、高高在上更有利于问题的解决。

赢在出路 》》》

一个人能够对他人的小过以大度相待，会让别人没齿难忘，真心悔过，终生感激，这才是真正的人生大智慧，需要我们细细品味。

从别人的角度考虑问题

对方为什么会出现那样的行为和想法，这其中肯定是有原因的。探寻出其中隐藏的原因，你也就了解到了他人行动的原因。

在圣诞节期间，有一位女士带着她5岁的儿子来到一家大百货公司，她想百货公司橱窗里面的展览，以及那些漂亮的圣诞玩具足以让儿子高兴。她拉着儿子的手飞快地走，可是孩子的那双小腿几乎追不上她。于是孩子开始大哭大闹，紧紧抓住母亲的外衣。

"如果你不立即安静下来，我永远都不会带你出来买东西了。"她警告他。"哦，对了，难道你的鞋带松了，走起来不舒服？"她说完便蹲下来，替自己的儿子绑鞋带。

就在她蹲下来后，她凑巧抬起了头。这是她第一次用她5岁儿子的视角来看这一家大百货公司。从他的这个角度看起来,那些美丽的商品、珠宝饰物、礼物、玩具都看不见了,只能够看到那些迷宫似的走道,还有烟囱似的腿和背影。

到处都是陌生人,他们互相推挤,又抢又夺,又奔又跑。这样的情形简直是太可怕了。她立即决定带着自己的孩子回家,并且发誓说,绝对不再把她的想法强加给她的孩子了。

事实上,我们每个人都是与众不同的人物,在这个世界上没有两个完全相同的人,即使双胞胎也是有所不同的。

在家庭与社会生活当中,存在一些不协调的因素,这是很正常的。因为我们每个人都是用自己的耳朵去听,用自己的眼睛去看,并且通过自己的头脑去理解事情。你所作的决定,其实就是通过你自己的大脑思考的独特的后果。

欧文·扬是美国一名著名的律师兼大企业的巨头之一,他曾经指出:"那些能够设身处地为他人着想,懂得他人心理活动的人,从来都不需要为前途未卜而感到忧心忡忡。"

想要推销出自己的产品,就要学会从他人的观点去想问题,从他人的角度去看待问题。欧文·扬认为,要使顾客依照"你希望的那种方式"去做,首先就应该跟那些你想去影响的人交换意见。吉尔瑞女士的失败就正好说明了这一问题的重要性。

吉尔瑞非常聪明漂亮,受过良好的教育,大学毕业之后,她在一家平价百货公司的成衣部担任助理采购员。她的师长在介绍信里给她的评价非常高,说她具有雄心、天分和热忱,一定能够成就大事。

可是,吉尔瑞并没有取得多么辉煌的成就,而她仅仅只做了八个月就改行了。

有人问她的上司："到底是怎么回事"？

"吉尔瑞确实是一个好女孩，而且个性又好，"他说，"但是她犯了一个很大的错误。"

"是什么啊？"

"她总是喜欢买那些她自己喜欢而顾客却不喜欢的东西。她总是根据自己的好恶来决定式样、颜色、质料和价钱，而并不是针对专程前来的顾客所喜欢的标准选购。

当我一再提醒她有些货品可能不太合顾客口味的时候，她就说：'哦，没事，他们一定会喜欢的。那还用说吗？连我自己都喜欢呢。它一定很畅销。'"

吉尔瑞女士的家庭环境很好，她的教养使她过于讲究。她无法用中低收入民众的眼光来评论服装的好坏，所以挑选的货品根本就不适合来平价公司的顾客。

所以，我们应该做到时刻为对方着想，多从他人的立场来看问题，这样是使你事业成功的一个关键因素。

赢在出路 》》》

我们应该尝试着从别人的立场去看待世界，而不仅仅是以我们自己的眼光来看别人的世界。

想要做到这一点，有一条捷径：找出别人的优点，不管他们的生活方式以及信仰与我们存在多大的差异。在发掘别人优点的同时，你也应该用爱心去与他人交流。

第六章 让——宽以待人,多给别人退路

处世让一步为宽,待人宽一步为福

人的一生总会与别人产生矛盾,发生摩擦。而做人则应该心胸宽广一些,为人要豁达,尽量避免与他人争执,否则只会让你们的关系恶化,退让一步对你而言并无什么损失。不能得理不饶人,否则,即使你取得了"胜利",也未必能服众,或许你日后的"麻烦"会更多。

王某远离家乡到外地打工,晚上经常与同事打扑克小聚。一天,王某照常约了李某等人到宿舍玩牌,同事程某则在李某后面观牌,给李某当军师,指导李某打牌。输了点钱的王某,窝了一肚子火,高声指责程某不要太多话,而程某又觉得丢了面子,回应了几句,双方由争执转为扭打,后被在场的其他同事拉开。

王某发现自己的右手臂被划了一道血痕,便扬言要砍死程某,后来通过王某老乡的调解,程某答应第二天买烟向王某赔礼道歉。第二天中午,王某向程某索要香烟,程某给了王某一条香烟,王某嫌一条香烟太少,至少得两条,可程某不愿再买。于是王某朝程某踹了一脚,在厮打的过程中,王某掏出水果刀,朝程某乱刺,致其受伤。

王某因故意伤害罪被判有期徒刑一年。

大多数人,一旦陷入争斗的旋涡,就会失控,为了面子、为了利益,要给自己讨个说法。一旦得了理更要将别人逼入死胡同,结果把自己也逼入死角,最后弄得两败俱伤。与人相处,总会有矛盾,但"狭路相逢勇者胜"并不是至理名言,冤家宜解不宜结,问题解决了就要给对方一个台阶下。

韩琦是北宋的名相，先后辅佐仁宗、英宗、神宗三朝，曾与范仲淹一道推行"庆历新政"。韩琦性情深厚淳朴、心胸宽广、气量过人，人们尊称他为韩公。

他常说："欲成大节不免小忍。"韩琦率军在定州时，工务繁忙，常常需要秉烛夜战。一天晚上韩琦写信，让一名士兵拿蜡烛给他照明，士兵犯困，一不留神蜡烛烧着了韩琦的胡子，韩琦用袖子把火弄灭后继续写信，不一会儿韩琦回头时发现拿蜡烛的士兵被换了，韩琦担心士兵的长官惩罚那名士兵，就赶紧把主管叫来说："不要换掉他，因为他已经懂得怎么拿蜡烛了。"军中的官兵们都很佩服韩琦的度量。

在韩琦驻守大名府时，他的一个亲戚献给他一对玉杯，这对玉杯没有一点瑕疵，是绝世极品。韩琦赏给献杯子的人很多银子答谢他。韩琦非常喜欢这对杯子，每次宴请客人他都要特别吩咐摆一张桌子，上铺锦缎，把玉杯放在上面。

有一次韩琦打开好酒，招待管理漕运的官吏，两只玉杯照旧放在铺着锦缎的桌上，准备装酒招待客人。突然一位小吏不小心撞倒了桌子，两只玉杯都摔碎了。所有的官员都惊呆了，那个把杯子碰掉的小吏更是吓傻了，等着发落。韩琦却很从容，笑着对客人们说："东西总有它破损的时候。"然后转身对那个小吏说："你是不小心撞倒了桌子，不是故意的，又有什么罪？"韩琦待人就是这样的宽容、大度。客人们都对韩琦宽厚的德行和度量佩服不已。

韩琦位高权重，却不为小事斤斤计较，故一直能立于不败之地。"人情反复，世路崎岖。行去不远，须知退一步之法，行得去远，务知让三分之功。"遇事穷追不舍，于人于己都没有好处。处世让一步为宽，待人宽一步为福。善待你生活中的每一个人，他们也同样会善待你。

128

第六章　让——宽以待人，多给别人退路

宽容是一种胸襟，而胸襟则是一种视野问题，如果能把眼光放得长远，那么你就会对现实中的是非善恶有个较深刻的了解；如果你胸怀大志，那么你就应该把目光放得长远一些，而不是把时间花在鸡毛蒜皮的小事上。冤冤相报何时了，得饶人处且饶人。这是一种宽容，一种博大的胸怀，一种不拘小节的潇洒，一种伟大的仁慈。

赢在出路 »»»

宽容意味理解和通融，是融合人际关系的催化剂，是友谊之桥的紧固剂。宽容还能将敌意化解为友谊。所以对别人的过失，必要的指责无可厚非，但能以博大的胸怀去宽容别人，就会让世界变得更精彩，以宽容之心度他人之过，也能为你自己造福。

远骄矜之气，做谦恭之人

一个具有骄矜之气的人的表现是，自以为能力很强，自己非常了不起，做事情要比别人强很多，总是喜欢看不起别人。而且由于骄傲，这样的人往往听不进去别人的意见；由于自大，做事情就专横，轻视有才能的人，根本就看不到别人的长处。骄矜对于一个人、对于一件事情的危害都是非常大的，想要成为一个谦逊的人，那么就一定要戒骄矜。这一点其实古人早就认识得非常清楚了。

大唐明君唐太宗曾经对侍臣说过："天下太平了，自然骄傲奢侈之风就容易出现，骄傲奢侈容易招致灭亡的危难。"

唐代的杜审言，他是杜甫的祖父。唐中宗时期做修文馆的学士，他为人恃才自傲，曾经对人说道："我的文章那么好，应该让屈原、宋玉

129

来给我当衙役，我的字足以让王羲之北面朝拜。"可见，杜审言显然是自不量力，所以后来一直被后世的人们所嘲笑。

而他这样的骄傲自夸只能够显示出他的见识短浅，反而并没有人认为他的才能真的有那么大。

在《劝忍百箴》一书中，对于骄矜问题是这样论述的：金玉满堂，没有人能够把守住。富贵而骄奢，只可能是自食其果。国君如果对人傲慢就会失去政权，大夫如果对人傲慢就会失去领地。

魏文侯接受了田子方的教诲，再也不敢以富贵自高自大。骄傲自夸，这是出现恶果的先兆，而过于骄奢注定是要灭亡的。

人们如果不听先哲的话，后果会怎么样呢？贾思伯平易近人、礼贤下士，客人不理解其谦逊的原因。结果贾思伯回答了四个字：骄至便衰。

现实确实是这样，现如今，很多人面临的最大问题，就是骄矜之气盛行，千罪百恶都产生于骄傲自大。骄横自大的人，不愿意屈服于人，不能够忍让于人。

做领导的如果过于骄横，那么就不能够很好地指挥下属；而做下属的过于骄傲，自然也不会服从领导的安排；做子女的过于骄矜，眼中自然就没有了父母，更谈不上孝顺了。

其实，骄矜的对立面就是谦恭、礼让。要忍耐骄矜之态，必须做到不居功自傲，能够自我约束，克制骄傲的产生。所以，一个人应该常常进行反思，及时发现自身的问题和错误，虚心地向他人请教。

自从电视连续剧《编辑部的故事》播出之后，剧中李冬宝的扮演

第六章 让——宽以待人,多给别人退路

者葛优就开始大红大紫了,一举成为了知名度很高的明星,之后各种片约接踵而至,影迷们都把他亲切地称为"葛大爷",评论界更是冠以了"丑星"的称号。

而葛优面对成绩和荣誉,并没有因此而沾沾自喜,其实他也不想当"葛大爷"和丑星。

就这样,有一次,葛优出席影片《上一当》的首映式,当时有一位记者采访他:"正是因为很多女性看中了你的幽默和潇洒,才觉得你是一个够档次的爷们儿。现在市面上女同胞都亲切地叫你'葛大爷'。"葛优听完之后,连忙说:"不敢,别这样称呼,这简直是让我折寿啊,虽然头上秃了点,但我还是一个潇洒的青年。再说,观众是上帝呀,我也不能够把辈分颠倒了。如果'上帝'经常来电影院欢度时光,那么我情愿喊他们'大爷'……我称不上'丑星',我也不想当什么'明星'。那玩意儿晚上还有点亮,可是到了白天就看不见了。"

即便葛优已经具备了十分雄厚的实力,被许多观众认可,他也相信自己的才华,然而,在公众场合,他依然表现得那么谦虚,毫无哗众取宠之意,从而为自己塑造了良好的形象。

记得曾经有一位哲学家说过这样一句话:"自夸是明智者所避免的,却是愚蠢者所追求的。"一个真正明智的人,他们之所以不会自吹自擂,就是因为他们知道宇宙的广大、学海的无涯、技艺的无穷,终其一生,也是不能洞悉其中的所有奥秘。

而对于一切平庸之辈,他们总是满足于一知半解,满足于一点点的小成绩,他们喜欢用富丽堂皇的话来装饰自己,为的是得到那廉价的喝彩。

赢在出路 >>>

谦逊能够克服骄矜自大，也能够营造良好的人际关系。因为人们所尊敬的就是那些懂得谦逊的人，而绝对不是那些爱慕虚荣和自夸的人。

以礼貌涵养回应别人的愤怒

曾经有一位哲人说过："用争夺的方法，你永远得不到满足，但是用让步的方法，你则可以得到比你期望的更多的东西。"聪明人都明白，在这个世界上只有一种方法能够得到争论的最大利益，那就是避免争论。因为你越是强加辩论或者是进行反驳，就越容易激发别人的逆反心理。可能你有获得胜利的机会，但是却再也无法得到对方的好感。

"小姐！你过来！你过来！"在素雅的餐厅当中，有一位顾客高声喊着，并且还非常愤怒地指着杯子说道："看看！你们的牛奶是坏的，把我这一杯红茶都给糟蹋了。"服务员微笑着答道："真的对不起，我立即就给您换一杯。"

而新红茶很快就准备好了，在小碟跟前放着新鲜的柠檬和牛乳，小姐轻轻放在顾客面前，又温柔地说："我是不是能够建议您，如果放柠檬，那就请不要再加牛奶，因为有的时候，柠檬酸会造成牛奶结块。"顾客听完之后一下子脸红了，匆匆喝完茶就离开了饭店。

有人笑着问服务小姐："明明是他孤陋寡闻，为什么不和他辩解呢？他那么粗鲁地叫你，你为什么不还以一点颜色？""正是因为他粗鲁，所以不用争论；也正是因为道理一说就明白，所以也用不着大声！"服

第六章 让——宽以待人,多给别人退路

务员继续说,"理不直的人,经常用气壮来压人。理直的人,要用和气来交朋友。"大家听完之后都点头称道,对这家饭店又增加了许多好感。

现如今很多年轻人,刚刚进入社会,由于涉世未深,在处世的时候往往过于冲动。当别人与自己争辩的时候,总是会忍不住地反驳,结果就会弄得个两败俱伤的下场。其实,有效避免争论的最好办法,就是不要把自己的意见强加给别人,而是让对方赢。

释迦牟尼佛说:"恨不止恨,爱能止恨。"当你在进行辩论的时候,或许你是对的。但是从改变对方的思想上来说,你绝对是毫无建树的,就好像是你自己错了一样。误会永远不能够用辩论停止,所以,你要勇于接受忍让和宽容的考验。

在生活当中,别人愤怒的时候,你与其争论,只会更加激怒对方,让问题变得越来越严重,这个时候我们需要极大的克制力,首先让自己冷静下来。所以不争论不辩解,用智慧和理性来面对对方,这样才能够加速问题的解决。

喜欢争辩的人们一定要先自己进行一下衡量,你宁愿要一种字面上的、表面上的胜利,还是让对方心服口服?在争辩里,也许你赢得了一场表面的胜利,但是却会因此而丢掉了一个朋友,可能还会树立了一个敌人,真可谓是得不偿失。

在很多时候,有些争辩其实是完全没有必要的,也许你成为最终的胜利者,也许别人也不会再去反驳你,但是对方却不一定会心悦诚服,你的话可能还会伤了双方的和气。所以,聪明人是绝对不会和别人硬碰硬的,而是懂得用理智的说服来代替争辩。

假如我们面对别人的愤怒,选择了冷静,那么我们就可以避免争论,以免引起更加严重的后果。忍让和宽容并不是懦怯胆小,而是一种风度,是关怀体谅,更是建立人与人之间良好关系的法宝。

除此之外，我们还需要采用动之以情、晓之以理的方式，这样才能够让说服者如沐春风，不断点头说"是"。而不是在语气中充满火药味，让别人如坐针毡，否则只能引起别人强烈的不满。

赢在出路 》》》

不必要的争论，不仅会让自己失去朋友，而且也达不到自己想要的目的。争辩是不可能消除误会的，只有以技巧、协调、宽容的眼光去看别人的观点才能消除误会。因此，我们年轻人一定要学会像避开毒蛇一样避开争辩。

豁达看得失，淡泊观荣辱

人生就像在演戏，每天的生活就像戏剧的情节。一幕幕不断的上演，日复一日，年复一年。虽说生命固有坚强的一面，同时生命也有其脆弱的一个方向。人生在世，短短几十年，为何要将自己紧紧地束缚在外界虚浮的外壳之下。对于莫大的世界来说，我们是那么的渺小。对于这个世界来说，我们都是匆匆过客。人生既然那样渺小、短暂，那又何必活得如此艰辛，所以，我们应该好好珍惜自己的生命，豁达的对待一切。

在大清朝的时候，有这样两个邻居，叶家与张家。起初，他们相处的倒也非常融洽，每每一家有困难，另外一家必会鼎力相助，可是，后来叶、张两家的关系突然变得紧张起来。原来，产生矛盾的主要原因竟然是两家都要起屋造房，为了争地，两家就发生了争执。

张家的儿子张廷玉，在京城做宰相，家中的老父亲因为自己无法解

第六章 让——宽以待人，多给别人退路

决这个问题，其实真正的原因就是自己不肯让步于叶家，他不能接受叶家无理的姿态与要求。于是，张家老父亲便亲自给做宰相的儿子张廷玉写了一封紧急家信，希望儿子能出面解决这件事情。

张廷玉看到老父亲的亲笔书信之后，并没有立即采取措施，更没有亲自出面干涉这件事情。只是给自己的老父亲回了一封信，书信的内容简单明了："千里求书为道墙，让他三尺又何妨？万里长城今犹在，谁见当年秦始皇。"

张家老父亲看到儿子竟然如此的豁达与开明，自觉有些做法不是很妥当，不但没有为儿子的名誉着想，反而想借儿子的官位吓唬叶家，老人心中不免有些惭愧。后来他也奉劝家人把墙让后三尺。这时候的叶家看到张家如此的通情达理，自觉惭愧，也马上把墙让后三尺。就这样，张家和叶家的院墙之间，就出现了六尺宽的巷道，后来就成了有名的"六尺巷"。因为张廷玉的劝说，虽然失去了祖传的三尺土地，但是换来的却是邻里之间的和睦以及流芳百世的美名。

"让他一墙又何妨"！一件让墙的小事向大家展现出的却是张廷玉宽阔的胸怀，以及对待事情的豁达与明智。在张廷玉的心中，他们两家相争的土地就像钱财一样都是身外之物，根本不值得大动干戈，伤了两家的和气。他自己心中很明白：就连长城那样宏伟壮观的建筑，秦始皇死后都无法拥有，甚至自己家那道小小的界墙，又算得了什么。他聪明的用国比家，简单明了地讲给老父亲看待问题的道理。人赤裸裸的来到这个世界，又赤裸裸的离开，所有的一切都无法带走，那为何又要争来争去？在肤浅的利益与深厚的友情之间张廷玉为大家做出了很好的榜样，他尽自己最大的能力保全了后者。

日常生活中，我们会经常遇到这样的事情。如果当自己的利益与别人的利益发生冲突的时候，一定要用长远的目光看待问题。尽可能的保

全自己也要照顾别人。在友谊与利益发生碰撞时，我们一定要清醒地认识到事情的严重性，第一要考虑的就是舍利取义，宁愿让自己吃一点点小亏，也千万不要让友谊受损。

我国清代著名的画家郑板桥曾说过："吃亏是福。"这对于那些平时喜欢斤斤计较的人来说，并不那么认为，这些人总不愿意自己吃一点亏，他认为自己吃亏了别人就会当自己是傻瓜。其实，他们越是计较，越是得寸进尺的占别人的便宜，自己的内心越无法得到满足与平静。"吃亏是福"并不是阿Q的精神胜利法，而是深厚阅历的沉淀与积累。

我们作为平凡的老百姓，也许最难忍受的吃亏就是钱财的失去。一般情况下，当我们遇到这样的事情，几乎都可能被激怒。因为财富是一个人所拥有的最基本的物质享有，一旦被别人觊觎甚至是剥夺，这个失去的人不可能平静接受。但是，为什么不好好想想，所有的财物都只不过是身外之物，只要自己内心富足，那些又算得了什么。

赢在出路 》》》

当我们享受幸福的时候，千万不要因为一时的舒畅而洋洋得意，忘却一切痛苦的奋斗过程，我们应该好好的珍惜目前自己所拥有的一切，淡然地对待现在的自己，切勿浮浮躁躁。但是如果我们不幸，正遭遇着失去一切的苦痛，请记住：所有的一切都不重要，只要自己和家人都好，那就尽量的让自己做到"豁达看得失，淡泊观荣辱"。

第七章
和——和谐为本,喜获双赢的结局

俗话说:"贵和谐,尚中道。"这是中国文化的基本精神,而且也是很多成功人士一直以来都推崇的。万事"和为贵"、"和实生物","天时不如地利,地利不如人和"这些观点都告诉我们,万事以和为贵,只有在和谐中才能取得稳固的成功。

与人分享，互惠互利

最完美的搭档关系是双方之间可以做到相互间默契、认可和接纳。如果在他们共同的行为方式上能够做到互惠互利、共同分享的话，那这就已经达到了共赢的效果。无论什么时候，无论身处何方，只要有合作，有团队，其中的每个人都应该坚守同一个最终的目标，心存唯一的原则：分享与共赢。只有融入团体，才能不断促进个人的发展和集体的进步。

品学兼优的陈明，在上学期间，可以说是老师眼中的优等生，家长心中的乖孩子，同学眼中的第一名。陈明就这样在周围众多光环的环绕下变得自大、孤傲，还有一点点的嚣张气焰。

很快，陈毅大学毕业，参加了工作。这时候的陈明依旧还像当年那样骄傲。但是进入公司，这里人才济济。和他一起毕业，又同时进入一家公司的还有优秀的同事李哲。因为同是新人，所以，公司决定把两人分到一个小组，由公司的一个老员工王林负责带领他们熟悉业务。

年轻人的适应能力和学习能力就是强，再加上他们两个人的认真与踏实。很快，他们就进入到工作状态。况且他们也能独立完成工作任务了。只是在工作配合这块，陈明总是瞧不起别人，不愿与别人合作，他认为自己能力很强，不需要任何人给他出谋划策，有什么成果也是他自己的，他不愿意与人共分一杯羹，这就是他的做人理念。所以，一直以来，他都是独来独往，一个人面对工作中的所有问题。

而李哲与陈明完全相反，很多时候，他都会加入到别人的工作中，不但从别人的工作中学到了自己还没有涉足过的领域的知识，还能把自己遇到的难题拿出来和大家一起商量。这样，本来用一种方法可以解决的事情，在大家的共同商讨中，居然可以找到很多种解答，不但丰富了自己的阅历，也给其他同事创造了不少学习的机会，其他同事也在李哲的影响下取得了很好的业绩。

虽然，每次分配给陈明与李哲的工作任务差不多，他们完成得也都非常地优秀。但是到了每年末的年终评优活动中，李哲总能拿到更多的奖励，而陈明只是拿到属于自己劳动所得的那份报酬。之后，李哲还会被其他部门的同事邀请参加一些集体活动，而陈明只能自己安排自己的个人活动。

由此可见，每个人都应该试着接受别人，学会与人分享。一个自私自利的人是永远不会得到别人的认可，那些生怕自己的利益受损，害怕别人带给自己麻烦的人，永远也体会不到与人分享的喜悦与满足。

真诚地与人相处，友善地融入团队，不仅可以感受到集体的力量，更能够充分展示自己的能力，得到来自更多方面的支持与鼓励，这样的话会更有助于自我士气的提高。集体的力量是无穷的，众志成城的精神绝对胜过单打独斗的英雄。自以为是、一意孤行、自傲自大、目中无人的人在这个提倡"团队精神"的社会是完全不会被接纳的。

一家成功企业的老板总是督促他的员工："如果你暂时没事可做，可以试着去帮助那些需要帮助的同事。"一支优秀的团队，必定存在着一批优秀的员工。他们遵从的是"互惠互利，与人分享"，在他们心中，每一个团队都是一个温暖的大家庭，团队中的每一个成员就是自己的兄弟姐妹，他们谁有困难，自己一定会倾其所有地去帮助。那么当自己处在困境中的时候，相信别人对于他们也不会有任何的推辞。

一些缺乏共享意识，没有互助思想的团队，带领出来的成员一定最多关注的是"我自己"，而不是"我们大家"，在利益或者权利面前，他们宁可牺牲他人甚至是集体，也一定要保全自己，实现小小的目标。

对于团队中的其他人，没有关心，没有帮助，更不会分享。

"互惠互利，共同分享"不单纯是作为团队发展的口号，它是一种情感的注入。团队成员，或者一起共事的朋友，为了同一个目标，彼此信任，相互支持，将自己的所有感情都投资在了一起，没有理由不去与人分享，更没有理由自我享受。遇到问题，拿出来，大家一起面对，一起解决。看到结果，收获幸福更没有理由独自拥有。

赢在出路》》》

团队中的每一个成员都是有着千丝万缕联系的个体，大家一起努力，一起奋斗，促成了团队进步，团队成员之间有效的合作促就了团队的成长。而团队成功所获取得的成就，并不属于一个人，而属于整个团队，这是与大家的共同努力分不开的，所以要懂得分享成绩，感谢帮助过你的每一个人。

以和为贵，莫把对手逼入死角

孙子曾经说过"穷寇莫追"，意思就是说，在双方交战的时候，孙子强调对于陷入绝境的敌人，不要去逼迫他。孙子认为：陷于绝境的敌人，已经是无所顾忌了，必然是视死如归。如果我们不能够低调处理，适可而止，非得要把对手置之死地而后快的话，那么对手就会困兽犹斗，就可能给自己造成不必要的损失。

在宋仁宗时期，宰相富弼采用了朝士李仲昌的计策，从澶州商湖河开凿六漯渠，将水引入横贯陇西的故道。

北京留守的贾昌朝素来憎恶富弼，私下与内侍武继隆相互勾结，命

第七章 和——和谐为本，喜获双赢的结局

令司天官二人，等到朝臣聚会的时候，在殿廷提出抗议，说国家不应该在京城的北方开凿渠道，这样就会让皇上的龙体欠安。在几天之后，两个司天官听从了武继隆的主意，于是向皇上上书，并且还请皇后与皇上一起出来听政。

后来，他们的奏章到了宰相文彦博的手中，他看完之后藏在怀中。他不慌不忙召来两个司天官："日月星辰、风云气色的变异，这才是你们可以说的事情，因为这是你们的职责。为什么要胡言乱语干预国家大事呢？你们所犯的罪有灭族后果。"两个司天官听完之后非常恐惧。

文彦博紧接着说："看你们两个也是狂妄愚昧之极，今天不忍治你们的罪。"两个人走之后，文彦博把他们的奏章拿给同僚们看，富弼等人十分愤怒地说："奴才们胆敢如此胡作非为，为什么不斩了他们？"

文彦博说："如果我们斩了他们，那么事情就会公开化了，宫中也会闹得不安宁。"

就这样过了不久，大臣们决定派遣司天官测定六漯渠的方位，文彦博这一次还是派那两个人去。由于这两个人怕治他们的前罪，于是就改称六漯渠在京城的东北，而不在正北。

其实这就是示之以威，之后网开一面，从而造成威慑的例子。而将这一策略运用得出神入化的，则应该属于宋朝的赵鼎。

在宋高宗时期，刘豫在山东张贴告示，散布谣言，说掌管天子御用药物的太监冯益派人收买飞鸽。于是，泗州知州刘纲就把这一情况上奏给了朝廷，而枢密使张浚得知这一情况之后，奏请皇上斩掉冯益，以消除流言飞语。

而赵鼎继也上奏道："冯益的事情存在很多疑点，非常值得怀疑。而且这件事情关系到国家大体，如果皇上忽略了不加以处罚，那么外面

的人肯定会认为他是皇上您派去的,这样就太有损于圣德了。臣以为,不如先暂时解除了他的职务,并且派他到外地去任职,以此来消除大家的疑惑。"

宋高宗听完赵鼎的意见之后,欣然答应了,结果冯益就被调往了浙东,而这件事并没有结束,张浚认为赵鼎这是在和他唱对台戏,心中很是不悦。

赵鼎知道后说道:"古往今来,任何事情都总是想着处置坏人,那么把坏人逼急了,坏人与坏人就会进行相互勾结,形成朋党,这样反而还更容易招致大祸;如果我们能够缓一缓,不要把他们逼得太急,他们之间用不了多长时间就会相互排挤,不战自乱。

而现在,冯益犯了罪,如果杀掉了他,这样并不能够叫天下的人拍手称快。可是一旦杀了他,那么众多太监就会因为恐惧皇上杀了一个冯益,而想杀第二个,那么这样就必然会竭力为冯益争取减轻罪责。因此,咱们不如贬谪了他,把他放到远离京师的地方,这样不仅无损于皇上的尊严,而且冯益自己也看见所受到的处罚很轻,自然也就不会花费心思去求别人了,更不会想着要回原来受宠的位置了。对于他的同党来说,看见他被贬,那么肯定会伺机窥求上进,自然也是不希望他再一次进宫的。可是,如果我们还大力排挤他,那么他的同党也肯定会因此而畏惧我们,这样他们之间就会勾结得更加紧密,这样一来我们就无法攻破他们了。"张浚听完了赵鼎的分析之后,十分叹服。

对于奸佞小人,如果操之过急,那么他便有可能疯狂反扑。

赢在出路 »»»

懂得做正确的事,要比懂得正确地做事重要很多。把握分寸其实就是阴阳调和,刚柔相济,讲求平衡。如果失去平衡,过分偏重一方面,

第七章 和——和谐为本,喜获双赢的结局

忽视另一方面,矛盾就会被激化,就会出现毛病,自然也会引起强烈的反作用。每一种力量都好像是弹簧一样,压的力量越大,反弹就会越高,反作用力就越大,所以一定要做到适可而止。

适时道歉,挽回败局

很多人都认为道歉很没有面子,其实,存在这样的想法是错误的。难道道歉真的是一件非常困难的事情吗?没有人会这么说。但是,当你做下一件不利于他人的事情时,你应该将你的高姿态放下,对受到影响的人说一声"对不起"。道歉并不代表着耻辱,而是一件值得尊敬的事情。当然,道歉也不仅是简单地说句"对不起",在很多情况下,既需要掌握时机,还需要把握分寸,而且更为重要的是,在道歉的时候我们一定要有发自内心的诚意,而不是出于被迫。

战国时期,赵国上卿蔺相如在渑池会上立了大功。成为了赵王身边的得力助手,职位比大将廉颇还要高。

廉颇因此很不服气,常常对别人说:"我廉颇征战数载,攻无不克,战无不胜,可谓屡立战功。他蔺相如有什么能耐,单凭一张嘴好使,就爬到我头上去了。等我碰见他,一定要他难堪一下!"这话传到了蔺相如耳朵里后,蔺相如就请病拖不上朝,以此来避免跟廉颇见面发横冲突。

有一天,蔺相如坐车出去,远远看见廉颇骑着高头大马要与自己走个对脸,他赶紧叫车夫把车往回赶。蔺相如手下的人一看自己家姥爷也可谓位高权重,为什么要这样呢。于是他们开始抱怨说蔺相如现在地位要比廉颇高的多,为什么见他还要像老鼠见了猫似的,有这个必要么!

143

蔺相如对他们说:"诸位请想一想,廉将军和秦王比,谁厉害?"他们说:"当然秦王厉害!"蔺相如说:"秦王我都不怕,会怕廉将军吗?大家知道,秦王不敢进攻我们赵国,就因为武有廉颇,文有蔺相如。如果我们俩个人之见闹不和,就会必然会削弱赵国的力量,秦国到时候就会乘机来攻打我们。所以我才避着廉将军,为的是我们赵国啊!"

蔺相如的话传到廉颇耳朵里后,使这位老将军深感意外。他静下心来好好反省了一番,觉得自己为了争一口气,就不顾国家的利益,真是大不应该。于是,他脱下战袍,背上荆条,到蔺相如门上请罪。蔺相如见廉颇来负荆请罪,连忙热情地出来迎接。从此以后,他们俩成了好朋友,同心协力保卫赵国。

廉颇比蔺相如年长,且地位非同小可,却能够放下身价背着荆条去想蔺相如道歉,可见其诚意真的是百分之百的真挚。试想一下倘若廉颇没有这样的谦卑之举,而是继续走自己的狂妄路线,恐怕朝野上下慢慢都会对其产生另外的看法。此外,按蔺相如的想法来说,倘若两人真的不能彼此亮明心机,继续彼此争斗,或许也只能落到一个鹬蚌相争渔翁得利的局面,等到那时候,不但争个级别没什么意思,就连两个人名声都会在历史的长河中遭受世世代代人的耻笑了。

可口可乐公司曾说过这样一句道歉的话:"我本来应该早点与你们商量。"结果挽回了一个商业帝国。

1999年6月上旬,40多名比利时小学生在喝下可口可乐之后出现了恶心、腹泻等症状。紧接着,类似的症状就好像是瘟疫一样快速传播到了法国境内。

14日,比利时政府首先宣布,禁止销售可口可乐公司生产的所有饮料,此时,法国及卢森堡等国也相继发布了同样的禁令。

可口可乐在这场风暴当中反应迟钝,从美国飞往欧洲只需要10多个小时，但是可口可乐公司总裁艾华士从美国赶往布鲁塞尔却花了整整5天的时间。

到了22日，艾华士在比利时各大报纸刊登《向比利时消费者的道歉信》，诚惶诚恐地说"我本来应该早点与你们商量"，并且要"不惜一切代价"重新获得消费者的信任。道歉虽然晚了一些，但是依然有效。在公开道歉之后的第二天，也就是6月24日，比利时政府决定取消对可口可乐的禁销令，就这样，这场危机被逐步化解了。

在很多情况下，恰当的道歉方式既不会让自己觉得尴尬，又能够令对方觉得非常容易接受。但是我们也要明白，道歉并不是解决所有问题的万能药，而尽量不要犯错才是做人做事的永远准则，但是一旦犯了错，我们就要坦然面对它，并且解决它。

赢在出路》》》

自己的行为如果不当，甚至对他人造成了一定的伤害，适时诚恳地道歉才是挽回败局最佳的解决之道。

不要轻视任何人

社会是由形态各异的人组成的，只要活在这个社会上，都会与别人产生一种互动的关系。换句话说，人应该依靠彼此互助才可以得以生存。

鲁宾逊流落到了荒岛上，还有一个叫"星期五"的伙伴，更不要说，身处在这样一个竞争激烈、人际交往频繁的现代社会当中的我们了。

有句俗话说得好:"多个朋友多条路,多个冤家多堵墙。"得罪别人,轻视别人,就等于是在无形当中为自己砌墙一样。所以,得罪人、轻视人就会给自己的人际交往设置障碍,也就会压缩自己的生存空间,甚至是给自己带来更大的灾难。

有一只老鹰追逐一只兔子,想吃掉兔子。兔子眼看着自己走投无路、孤立无援,突然发现了一只屎壳郎。

于是兔子求屎壳郎帮帮它,救救它。屎壳郎当即就答应帮助它,保护它。这个时候,老鹰已经追到了跟前。屎壳郎对老鹰说:"请不要伤害兔子的一根毫毛,因为它是我的仆人。"

可是,屎壳郎看上去那么的渺小,老鹰才不会把它放在眼里的。老鹰掐死了兔子,并当着屎壳郎的面津津有味地吃了起来。

但是屎壳郎并没有忘记自己的这一耻辱,它一心在等待机会进行报复。不久之后,当屎壳郎发现了老鹰的巢,并且看到老鹰把它的蛋放在里面,于是就悄悄飞了进去,把老鹰的蛋推到鹰巢的沿上,让它落到地上摔破了。

老鹰悲愤交集,它飞到天上,来到天神的宝座前,请求天神能够给它提供一个安心筑巢、平安孵蛋的地方。天神说:"等你再孵蛋的时候,你可以把蛋放在我的怀抱里孵化。因为你是我的飞鸟,所以我理应好好照料你。"

于是,事情就如此这般地发生了。但是,当屎壳郎在了解了真相之后,便立即抱成了一只粪蛋,然后就带着粪蛋飞到天上,来到天神面前,把粪蛋丢进了他的怀抱。

天神这个时候发现了这个脏东西,于是就想把它抖搂掉,可是天神却忘记了怀里还有老鹰的蛋,于是就把它们连同那团粪蛋一块儿抖掉了。就这样,老鹰的蛋又全都被打碎了。

第七章　和——和谐为本,喜获双赢的结局

轻视一滴水,就不会有浩瀚的海洋。轻视一棵树,就不会有茂密的森林。轻视一砖一瓦,就不能够盖好高楼大厦。所以,我们不要轻视任何人。

魏安僖王时期,国家非常贫弱,国力衰微,对外完全是处于被动局面。这个时候,西边的秦国已经非常强大,兵强马壮,经常对外发动战争,获取了不少利益。

有一次,秦昭王把他的左右大臣召集在一起,向他们询问:"诸位爱卿帮我分析一下,现在的韩国、魏国与当初相比,哪个更为强盛?"大臣们都议论纷纷,最后一致认为当初的两国强盛。

昭王紧接着问:"那么两国的如耳、魏齐与当初的孟尝君、芒卯相比,谁更加贤能呢?"群臣都认为后者更为贤能。

于是,昭王就十分放心地说:"当年孟尝君、芒卯凭借自己的贤能,率领强盛时期的韩国、魏国来攻打我国,都还不能够把我国怎么样。而如今,无能的如耳、魏其,率领弱小的韩国、魏国如果真的要来攻打我国,那就更不会有什么威胁了。我国反而还可以出兵,用不了几个回合,就会非常轻松地打败他们,你们说是不是啊?"群臣听了之后,频频点头称是,都认为昭王言之有理。

结果,正当昭王沉醉在群臣的称赞声中时,大夫中旗从群臣当中走了出来表示异议。他对昭王鞠了一躬说:"大王,您对天下的形势估计错了。当初,晋国六卿并立的时候,智氏最为强大,它先后灭了范氏、中行氏,接着又率领韩、魏的军队把赵襄子围困在了晋阳,掘开晋水淹灌晋阳城,晋阳城只剩下三版宽的地方没有被水淹。智伯到了战场上巡视水势,魏桓子于是前来为他赶车,韩康子在身边陪乘,这是多么的威风啊!

147

但是，智伯当时已经是目空一切，指着滔滔的河水说：'我现在才知道水可以灭亡别人的国家啊。'因为魏国的安邑紧邻汾水，韩国的平阳紧邻绛水，智伯的军事行动威胁到了两国的安全。所以，魏桓子与韩康子互相暗递了眼色，从而达成了默契，寻找机会将来一定要联手除掉智氏。到了后来，二人联合赵襄子灭亡了智氏，瓜分了它的封地。现如今，秦国虽然是兵强马壮，但是也绝对不会超过当年的智氏，韩国、魏国虽然弱小，但还是比当年它们在晋阳城下时的力量强大。现在，也正是它们达成默契的时候，希望大王千万不要轻视它们，不然的话，就会出现当年智氏那样的下场。"

秦昭王听完了他的这一番分析之后，才如梦方醒，心里面对两国也感到了恐惧。从此之后，再也不敢小瞧他们了。

轻视一个国家，就会招致亡国的危险。同样的道理，轻视一个人，也就有可能给自己带来灾难。轻视一个同行，就会给自己堵住了一条退路。同行有同行的圈子，有同行的朋友，如果你处理得不好，那么就会丧失在行业里面的信誉，得不到帮助。

赢在出路 》》》

当你感到自己利益被侵害的时候，得不到他人尊重的时候，请不要轻易动气。此外，也切记不要气焰嚣张，盛气凌人，这种只有自己而没有别人的轻视态度最容易令人不悦，而常不自知。

第七章 和——和谐为本,喜获双赢的结局

善于肯定他人,结果必定双赢

最近,一个经验丰富的管理者有了一项新的发现:在公司最受欢迎的人一般都是那些善于肯定、认可别人的人。是呀,肯定与认可对于一个真正做事的人来说,比什么都重要。付出的劳动,有过的艰辛,只有那个默默付出的人心中最明白。

得不到肯定,他们的内心便没有了依靠;得不到认可,一切的努力等于徒劳。人人都希望自己的付出能有所回报,尽管没有丰厚的回报,尽管一切都显得那么微不足道,但是他们只需要一个肯定的微笑。

对于别人辛苦的功劳,一定要及时地给予回报,哪怕没有更多的酬劳,最起码的肯定就是最满意的捷报。就看我们日常生活中,主动赞美别人,就好像显得非常不合适。也很少有人去赞美别人,肯定他们所做的一切事情。让我们一起回想,自己最近的一次赞美给了谁?在哪里?什么时候?可能有很多人都不曾记得自己最近对谁说过一些赞美或是肯定之类的话语。如果答案是肯定的,那么赶紧让自己有所改变,尽可能地多去夸奖、肯定他人。

周倩,某公司分区的执行总监,她可是公司里响当当的人物。上到高级董事,下到基层员工,几乎所有的人都特别喜欢她。她的受欢迎度完全来自于她"伯乐"般的为人。周倩是一个很细心的人,而且她也非常善于观察发现别人的长处。

一次,公司的年度会议上,小科员张平做了一份年度报告。从内容上看,他的报告平平淡淡,也没有什么新颖的地方,报告做完之后,现场众多的人群响起了稀稀拉拉的掌声。对于张平来说,这无疑是个打击，他的心理严重受挫。会议后，周倩找到了张平。看到张平沮丧的表情，周倩微笑着对他说："你已经很了不起了，把自己一年的工作总结写得如此简明扼要，实在不容易。而且还有足够的勇气上台与大家一起交流分享，这点我想都没想过。我真的非常欣赏你！"

张平听完周倩的话，心中顿时有股暖意。他原本以为自己的报告做得真的很糟糕，没想到还会有人佩服自己。后来，张平一直都非常地感激周倩对他的鼓励，他的心情也逐渐得到了恢复。而且，在后来的工作中张平还不时地帮助周倩做一些自己比较擅长的工作。

公司里几乎每个认识周倩的人，都会在很短的时间内与她建立友好关系。因为她会不断地肯定别人的劳动成果，并对他们表示出一定的欣赏，正是这一点，不但让别人感受到了自我价值的存在，同时也让自己收获了更多的友谊与帮助。

周倩对身边同事或者朋友说的那些鼓励的话，是出自内心真正的欣赏，因此每个人听完周倩的话，都会变得开心快乐起来。他们会立即从最初的郁闷中解脱出来。所以，这点足以说明对别人适时的肯定，也可以令自己收获幸福。

一位著名的喜剧演员说过："即使自己能在一个星期赚上10万美元，这种生活也如同下地狱一般。"说这话的原因是他做了一个很奇怪的梦：他在一个几乎是座无虚席的大剧院给成千上万的观众尽力地表演，可是散场的铃声响起之后，全场竟然没有一个人给自己掌声。

实际上，不只是舞台上的演员需要观众的鼓掌。生活中的我们同样需要来自各方的掌声。如果没有掌声，代表我们的所作所为都是空的，没有价值的，长此以往，我们很有可能失去信心，得不到别人的肯定与赞扬，我们就如同虚浮的躯壳在世间飘荡。"其实人们所需要的，只不过是一点作为人所应享有的赞美而已。"

赢在出路 >>>

人是具有社会性的，我们每个人生存在这个世界上，都必然要和其他人进行接触、交往，当然也都希望得到别人的好感、赞赏、肯定与接纳，否则，就会感到寂寞、孤独，生活也会没有生气，一切都会变得寸步难行。

不迁怒于人，做情绪的主人

生活中，我们难免遇到一些事情会生气，比如：你的亲人做了错事，你的下属办事不力，你的朋友得罪了你等等，生气是人之常情，可以理解。但是，我们必须更清楚地认识到：生气并不能解决所面临的问题。往往我们生气的时候，理性的防线会被摧毁，于是我们就很可能说出一些不理智的话，做出一些不理智的事。当然，每个人的脾气个性都不相同，有人外向，有人内向，有人沉稳，有人急躁，对于我们来说，不论你是什么样的性格，在为人处世的时候，和气多一点，办事就会顺一点。

生活中，遇到那些不高兴的事，如果你不发火，做错事的人自己心里也不好受，很可能还在自责，也会想尽一切办法去补救。如果你发了脾气，骂人或者讽刺别人，对方就会受到伤害，这时候，他很可能不但不会产生悔意，而且还会对你产生怨气。人非圣贤，孰能无过？所以，千万不要因为别人一时的过失而乱发脾气。

做人要尽量少发脾气，尽可能不发脾气。我们应该学会淡定地对待自己身边的人和事。当自己怒气冲冲的时候，要尽量合理地宣泄怒气。一位成功人士谈到自己宣泄怒气的方法时说："当我自知怒气快来时，会赶快设法离开不开心的地方，跑到健身房和拳师对打，或猛力击打皮囊，直到发泄完我的怒火为止。"事实上，有很多方法都可以让我们"消火"：逛街，一个人静静地待一会儿，大吃一顿美食等。总之，只要想方设法把自己的怒气赶到九霄云外就好。

俗话说，冲动是魔鬼。而生气正是我们感情冲动的表现。当我们面对与自己意愿相反的事情或听到一些让我们并不愿意听的话时，总有一些人不能用理智、正确的态度去冷静地面对，当然也就不能用合理的方式去进行恰当的处理，这就可能导致不好的结果。

有这么一个故事：一个年轻人，由于小时候父母的溺爱，他的脾气从小就不好。在他失业后，整天无所事事，脾气更大了，动不动就生气。周围的人都不敢和他交流。父亲看在眼里，急在心里。可是一时也没有什么好方法。

一天，他的父亲终于想出了一个方法，于是，他对儿子说："从今天起，每当你发一次脾气，你就在院子里的木桩上钉一颗钉子，看看你每天到底生多少次气。"于是，儿子便照父亲所说的去做了。刚开始，他每天钉的钉子很多。于是，就想下决心改改自己的脾气。渐渐地，他在椿上钉的钉子开始减少了。就这样，过了四五个月，这个年轻人的脾气温和了很多。这时父亲对他说："以后每当你想发脾气的时候，你就从木桩上取出一颗钉子。"儿子又按照父亲的说法做了。因为这几个月来的反思，他的脾气已经改了很多，平时发火的次数也少了。他用了一年的时间才将之前钉的钉子全部拔出。因为他一直在以钉钉子和拔钉子的方式消火，这个年轻人在一年多的时间里没有和任何人发过脾气，周围的人都说他就像变了个人似的，很容易接近了，自从他脾气变好后，

第七章 和——和谐为本,喜获双赢的结局

在做事情上也越来越顺利,每每都能将事情做得很好。

这天,父亲将儿子叫到那个木桩前告诉他:"你的脾气总算变得温和了,这是好事,可是你看木桩上的洞却无法消除了。所以你对别人的伤害就如同对这木桩一样,一旦打上洞就永远都消除不了。所以,以后要记住,不要轻易发火,就算事后你向朋友道歉,但是朋友心头的伤却很难抚平。"这位年轻人总算是认识到了自己以前的过错,从那以后,他再也没有向别人发过脾气。

从上面的故事我们可以看出,生活中,我们不要等到伤害了别人之后才去道歉补救,而要学会从一开始就要去做一个大度的人、一个脾气温和的人。

人人都会有情绪不好的时候,学会控制情绪,是我们成功和快乐的关键所在。其实我们可以想想,还有什么东西能像自己的情绪一样影响我们的生活呢?恐怕没有。因此,我们必须努力学会控制和掌握我们自己的情绪,做自己情绪的主人。

脾气不好会给自己带来很多麻烦。同事远离你,亲人朋友抱怨你,这一切都会让你很难堪,甚至毁掉你的前程。为人处世要心平气和,改掉影响你前程的坏脾气。

人们的行为是受意识调节和控制的,了解了坏脾气的危害,才能从内心产生改掉坏脾气的强烈要求。当我们遇到事情的时候,可以进行换位思维,想一想对方的处境、动机,最重要的是结果对他有何影响。这个时候,你就发现对方与你一样"无辜",你也就不会有那么大的情绪了。

我们在日常交际中,很多事情如果都能站在对方的角度来考虑的话,往往就会觉得没有理由迁怒于他人,自己的气自然也就消了。要是在工作中或生活上遇到使人发怒的事,不妨静坐一会儿,用理智战胜情

感，让怒气消失。

赢在出路 »»»

　　人这一生，是不断与他人打交道的一生。所以，要在人生这条路上走出光彩，就要先从改变自己的脾气开始。我们要善于调节自己的心情，乐观地对待自己身边的人和事，这样的话别人也快乐，自己也快乐，何乐而不为呢？总是让自己保持愉悦的心情，充沛的精力和清醒的头脑，以这样的态度去做事，何愁事业不成？

尊重别人，才能得到尊重

　　每一个人都希望自己能够在别人面前有尊严，得到别人的重视，被人尊重。

　　在人生的道路当中，谁也不能够担保不会陷入尴尬。面对别人的尴尬处境，是幸灾乐祸，落井下石，还是主动维护对方的尊严？而这也就是善与恶、智与愚的分水岭。千万不可以为了自尊与虚荣而不尊重别人。

　　说道这个话题还是先看看这样一个故事：

　　曾经有一为颇有名望的富商在大街上散步，突然看到一个瘦弱的摆地摊卖旧书的年轻人坐在街市的角落摆地摊，只见他缩着身子在寒风中啃着发霉的面包，样子十分困窘。出于怜悯，那位富商掏出8美元塞到了这位年轻人手中，然后头也不回地准备离开。可没走多远，他仿佛意识到什么又忽然回身走向对方。

　　只见富商从地摊上捡了两本旧书，笑着对年轻人说："对不起，我

第七章 和——和谐为本,喜获双赢的结局

刚才忘了取书。其实,我们一样都是生意人!"两年后,富商应邀参加了一个慈善募捐会,眼前忽然出现了一个穿着讲究,风流倜傥的年轻人,只见他兴奋的像自己走来紧紧地握住了他的双收手,感激地说:"我一直以为我这一生只有摆摊乞讨的命运,直到你亲口对我说,我和你一样都是商人,这才使我树立了自尊和自信,从而创造了今天的业绩,如今我已经成为一名书商了……"

不难想像,没有那一句尊重鼓励的话,这位富商当初即使给年轻人再多钱,年轻人也断不会出现人生的巨变,这就是尊重的力量啊!会尊重别人,你就有可能会增加一个朋友;而你每一次轻视别人,就有可能树立一个敌人。

美国财富的巨擘摩根财团创始人,约翰·皮尔庞特·摩根在年轻的时候,他并不是非常尊重别人,但是他的父亲讲了一个自己朋友的亲身经历,让摩根有了顿悟。

克里斯是摩根的父亲朱尼厄斯的朋友的工人,这一天,他要去找米尼厄斯的朋友,也就是他的老板进行抗争。

"我们虽然是工友,但是也是人,怎么能够动不动就加班,一年到头就知道上班,结果人都累死了,却还是挣不了几个钱。"老克里斯在出发之前,义愤填膺地对同事说,"我要好好训训那自以为了不起的老板。"

"我是克里斯。"到了地方后,克里斯对老板的助手说,"我约好的。"

"是的、是的。老板正在等你,不过非常不巧,有一位同事临时有急件送进去,麻烦您稍等一下。"助手客气地把克里斯带到会客室,请克里斯坐,并且笑着问,"您是喝咖啡还是茶?"

"我什么都不喝。"克里斯小心地坐进大沙发。

"老板特别交代，如果您喝饮料，一定要最好的。"

"那就茶吧！"

不一会儿，助手小姐用托盘端进茶，又送上一碟小点心："您慢用，老板马上就会出来。"

"我是克里斯。"克里斯接过茶，抬头盯着助手小姐，"你没弄错吧，我是工友克里斯。"

"当然没弄错，你是公司的元老，老同事了，老板经常说你们最辛苦了，一般工友加班到9点，你们常常要忙到10点，实在心里过意不去。"

正说着，老板已经大步走出来，要跟他握手：

"听说您有急事？"

"也……也……也，其实也没什么，几位工友叫我来看看您……"

不知道为什么，憋了一肚子不吐不快的怨气，一下子全不见了。临走的时候，还不断对老板说："您辛苦、您辛苦，大家都辛苦，打扰了！"

朱尼厄斯通过这件事来多次教育摩根，当你碰上像克里斯一样激动的下属时，与其一见面就不高兴，何不请他坐下，让他先冷静一下？假如他有怨言的话，觉得不被尊重，为什么不为他奉上茶点，待为上宾呢？

在当今这个浮躁的社会，很多人的眼中都夹杂了势力的成分。甚至很多人坦言，除非对方有财力，有势力，有能力，要不然是不配赢得自己的尊重的。这种想法显然是片面的，我们不去说一些人与人生儿平等的大道理。只是想说，假如你真的是用这种方式评估别人，别人又将用怎样的眼光来评估你呢？曾经有这样一句名言："假如你想要别人怎样对待你，那你首先就要怎样对待别人。"尊重是相对的，只有你自己先

第七章 和——和谐为本,喜获双赢的结局

对别人报以尊重和坦诚,别人才会对你投放出友好的赞许与认同。

赢在出路 »»»

真正的尊重来源于每个人的内心,如果你不想在人前丧失自己做人尊严的话,那最好的方法就是抱着一颗谦卑之心,去尊重身边的每一个人。

做人心怀感恩,成才要先成人

心,若能怀感恩,则是一种良好的传统美德,也是一种积极的生活意趣。无论当我们在做人或者做事都应该心存一份感恩。面对得意,感恩的心教会我们不忘失意时的苦楚;面对失意,感恩又让我们明白坚强与进取定会帮助我们渡过难关。时光荏苒、岁月匆匆,短暂的人生转眼即逝。那么,我们为何还要计较那么多?即使过得平平淡淡,也要心怀感恩,认认真真。

明末清初的时候,有个富家子弟叫王仝,从小他就特别喜欢吃饺子,那种喜欢几乎到了每天都必须得吃上一大碗的程度。但是,他的嘴又特别的刁,一般吃饺子的时候只吃里面的馅,而把两端的饺子皮尖偷偷地丢进院子后面的小河里去。

造化弄人,这样的好日子并没有过多长时间。就在王仝十六岁那年,一场意外的大火不仅烧毁了家里所有的东西,还将王仝的父母也带走了。只剩下可怜的王仝,孤苦无依。他身无分文,但是因为自己一直娇生惯养,出去讨饭吃,自己又觉得很不好意思。这时,善良的邻居大嫂每天都会给他送去一碗热腾腾的面糊糊。后来,王仝在左邻右舍及亲

戚的帮助下,他又再次回到学堂,并且也有了一间容得下自己栖身的小茅屋。家庭发生变故之后的王仝发奋读书,三年后也终于考取了功名,回到老家之后,他亲自上门感谢那位曾经帮助过自己的邻居大嫂。

那位朴实的邻家大嫂却连连推辞道:"千万别感谢我。我并没有给你任何东西,那些送给你的面糊糊,其实都是我之前在你家后面的小河里捡回来你所扔掉的饺子皮尖,只是将它们晒干以后收在了麻袋,本来想着以备不时之需的。那时候,正好你有需要,就又还给你了。"

这个世界上所发生的事情总是那么让人难以预料。此刻的你根本不知道下一刻的自己究竟会在什么地方,也不知道自己能做些什么。或许现在的自己生活惬意,条件优越,对自己的各个方面都比较满意,你可以指使或者命令别人为你干这干那,也可以要求别人为你尽力服务。但是,千万不要失去度,因为下一秒的一切都还是未知的。

也许我们的生活孤独、寂寞了一些;也许我们的衣食住行还差了那么一点;也许我们的愿望还没有实现。但是,在名利地位面前,我们没有太多的非分之想。因为我们胸怀坦荡,我们感恩于上天赐予我们的一切。我们无须仰人鼻息、无须溜须拍马。因为我们心怀感恩,所以我们对人对事,简简单单、本本分分。因为我们感恩,所以我们潇潇洒洒。

感恩,既是一种圆润的处世哲学,也是一种完美的生活智慧。人活一世,不可能一帆风顺,也不可能一直遭遇坎坷。生活其实就是一面镜子,你笑,它也笑;你哭,它也哭。各种的失败与无奈,我们都应该勇敢面对。感恩既不是纯粹的心理抚慰,也不是物质的真实回馈,它来自于内心真正的体会,它来自对生活的爱与希望。

学会感恩,学会把自己的爱传递给身边的人,让他们也和我们一样能怀着同样一颗感恩的心去寻找幸福的真谛。当一个人将所有的亲情、爱情与友情串联起来的时候,那么所有的感情堆积在一起就是情感的家园。在我们不断成长的岁月中,难以忘记的是那些深深爱着我们,时刻关心我们的人。我们善于忽略更善于忘记常见的事物同时也包括感情在内。对于他们的付出,我们需要铭记在心,需要感恩。

赢在出路》》》

多想想别人对自己的好,常反省自己做得不对的地方,学着感恩,这也是生活幸福快乐,身体健康的良方。所以,每一个人都应该感恩的活着,尽自己最大的可能去做一个知恩,感恩的好人。

抬头看蓝蓝的天,感恩生命与自然

抬头仰望蓝天,灿烂明媚的阳光、自由飞翔的鸟儿;低头俯瞰大地,鲜花朵朵儿开放、小桥流水潺潺。四周巍峨的群山绵延不断,气势磅礴的大江大海呼啸澎湃。如此美妙的自然万物,如此壮丽的大好山河,不禁让人心头涌起一股感恩的情怀。

感恩生命,感恩自然。感恩不仅可以让人的心灵超然,变得愈发的宁静,而且还可以让我们单调的生活色彩变得更加美丽。一颗感恩的心可以让我们更加真实地面对生活中的点点滴滴。

一年一度的感恩节又到了。这天,乔治垂头丧气地走进教堂,他坐在牧师的面前,向牧师一一诉说着自己的苦楚:"人们都说在感恩节这一天,一定要向上帝表达自己的感恩之心,这样上帝也可以保佑自己今后的生活会变得更美好!可是现在的我已经一无所有,失业也已经有大半年的时间了。找工作、面试都已经记不清有多少次了,但是依然没人肯雇用我。所以,我也没什么好感谢上帝的。"

这时牧师开口了:"难道你真的一无所有吗?"只见乔治点头应答:"是的。"牧师接着对乔治说:"但是,孩子,你难道不知道上帝是最仁慈的?上帝关心每个人也爱每个人。这样吧,接下来,我会问你一些问题,希望你用笔和纸将自己认为的答案分别记录下来,好吗?"乔治肯定地点点头。

牧师便问乔治:"你有妻子吗?"

乔治回答道:"我有,而且她并不因为我们生活的困苦与潦倒而离开我,她依然深深的爱着我。这样的话,也就愈发的增加了我对她的愧疚感。"

牧师又问:"那你有孩子吗?"乔治回答:"我有5个活泼可爱的孩子,虽然我不能提供给他们最好的食物与漂亮的衣服,也不能让他们受最好的教育,但是我的孩子们都相当的争气,他们的成绩都很好,而且各个表现出色。"

牧师接着问:"那么,你的胃口怎么样呢?"

乔治兴奋的回答:"我的胃口简直棒极了,吃什么都有滋有味的。但是因为经济窘迫,我只是不能最大限度地满足自己可怜的胃口罢了,很多的时候也只能吃到六七分饱。"

牧师再问他:"那么你睡眠呢,好吗?"

乔治还是一脸的兴奋:"睡眠?哈哈,简直太好了!每天到了晚上,只要我一碰到枕头,再睁开眼一定是第二天太阳高高挂的时间了。"

牧师见乔治如此兴奋,于是接着问他:"那么,请问你有朋友吗?"

乔治很高兴地说:"我当然有朋友了,而且他们对我也都很好,因为我长期失业在家,所以他们时常的过来给予我帮助!而我却没有任何东西去报答他们。"牧师笑着又问:"那么,你的视力又怎么样呢?"

乔治爽朗地笑了起来:"我的视力也很好,我可以毫不费力的清楚看到很远地方的物体。"

这时的牧师笑着点头说道:"那你现在看看自己手中的纸上都记录下了什么?"

乔治低头看着手中的纸上自己写下的东西:"1. 我有一个好妻子;2. 我有5个优秀、乖巧的孩子;3. 我有非常好的胃口;4. 我拥有良好的睡眠;5. 我有许多好朋友;6. 我有非常棒的视力。"

待乔治轻声读完纸上所写的内容之后,牧师微笑着对他说:"恭喜你!你拥有了世界上很多人都不曾完全拥有的东西!感谢上帝!感谢上帝如此保佑你,赐福与你!好了,你可以回去了,记住一定要学会感恩!"

乔治谢过牧师之后,立即赶回家。回到家之后,他还一直在默想牧师对他说过的每一句话。突然乔治站了起来,径直朝镜子走去,他发现镜子中的自己:头发是如此的凌乱,衣服看上去显得很脏,脸色憔悴,精神一点都不好……

后来,乔治把自己精心收拾了一下,也尽可能地调整了心态。他也逐渐的以一颗感恩的心对待周围的事与人。接着,乔治也找到了一份薪资待遇都还不错的工作,开始了他全新的生活。

因为活着,所以我们要学会感恩。如果一个人的心中只有自我,那么活着等于死去。所以,无论何时何地,我们每个人都需要拥有一颗宽容、理解、感恩的心。

赢在出路 》》》

我们要在感恩中活着,感恩赋生命予我们的父母,感恩传授知识予我们的老师,感恩提供展示自我平台的企业,感恩那些曾经一直关心、帮助以及爱护我们的朋友、同事,感恩我们的伟大祖国,感恩大自然的鬼斧神工。

161

拥有感恩之心，时时触摸幸福

人如果学会了感恩，就能体会到什是真正的幸福与快乐。知恩是幸福的源头，知恩更是快乐的必备因素。假如我们能对生命中所拥有的一切心存感恩的话，那么一定可以更深刻的理解人生的价值，体味幸福的滋味。

感恩于父母，是因为他们给予我们生命，培养我们成长；感恩于兄弟姐妹，是因为他们给予我们更多的关怀，让我们的生命不再孤单，无论走到哪里都清楚地知道还有血脉相连；感恩于朋友，是因为他们给予我们更多的帮助，让我们在失败落寞之时能够有所依靠；感恩与同事，是因为我们并肩作战，让我们在每天的工作中倍感亲切与温暖。

心存感恩的人，对待周围的一切都会有一颗善良的心。拥有感恩的心，他们忠诚、认真、踏实。心存感恩，他们兢兢业业、一丝不苟。心存感恩，他们生活的更加充实、快乐、幸福。

在一个清静的小镇上，住着身体健硕的中年邮差山姆。在他刚满二十岁的时候，就已经接手了这个小镇的书信发送工作。每天，他都要往返50公里的路程．就这样，日复一日，年复一年的，把每家的好消息、坏消息、开心事、伤心事，一一装进自己的邮包，再辗转寄出、收回。时间真的过得好快，转眼的功夫，山姆已经在这里辛勤工作了20个年头。

在时间的流淌中早已经物是而人非。唯独不变的是山姆每天从邮局到村庄的那条光秃秃的小路依然。从他刚开始来这里，直到现在，小路的两旁根本没有任何的绿植，甚至连一颗野生的小草都没看见过，遇到

第七章 和——和谐为本,喜获双赢的结局

大风天气,这里就会尘土飞扬,黄沙漫天。

山姆心想:"怎样才能够让这条贫瘠的小路变得可爱起来,怎样才能让路过这里的人们拥有好的心情?"这个问题,他想了很久。

一天,送完信的山姆,在回邮局的路上,刚好经过一家花店。这时他似乎想到了什么,立即跳下车子,赶忙跑进花店,接着就兴冲冲地跑了出来,同时手里多了一小包东西。原来,山姆去花店买了一些野花种子。第二天,在他送信的时候,他就已经开始了自己的行动。他会一边走一边往小路的两旁撒一些小小的种子。

时间就这样,在山姆的忙碌中一天天的过去。一天,雨后出晴的时候,山姆照例骑着那辆陪伴自己多年的自行车去镇上送信,突然,他发现小路的两旁隐约出现了红红、黄黄的小花骨朵。于是他立马跳下车子,凑上前一看,果真是自己之前种的小花长出来了,他高兴极了!

之后,山姆还不断地为那条小路装点色彩,他在那条小路上植树、种草、撒花籽。时间一天天的过去了,转眼间,又是20年光阴,原来的那条光秃秃的小路早已经不见了,出现在人们面前的是一条美丽的花道,一年四季都有花草的点缀。

现在的老邮递员,山姆也已经退休了,已经有了年轻的邮递员接手了他的工作。但是,精神矍铄的山姆还是每天坚持义务照顾小路两旁的花花草草。那些花草的长势非常好,这样,走在这条小路上的每个人的心情都是开心而快乐的。老山姆每次看到路人高兴地走过时,他的心里会有一种非常满足的幸福感。

后来,在这里经常可以看到吹着口哨,骑着脚踏车的小邮差们,快乐的来往于小镇与邮局。在他们身后留下的是快乐、是幸福。

在小路上种花的邮差山姆,他的一生犹如白驹过隙,很是短暂。但是他又为什么会做出这样的举动,要为后来者创造良好的工作环境?也

163

许其中的原因很多，但是真正的从内心出发的话，相信山姆觉得是充实的。

所以，每个人都要学会感恩，懂得感恩。因为心怀感恩，我们才不觉得做每件事都是无聊的，每件事情的顺利完成体现的是我们的价值。因为感恩，我们会得到更多的成长与锻炼的机会。因为感恩，我们可以做很多事，并且从中总得出更多的宝贵经验。

赢在出路 >>>

心怀感恩，不但可以快乐地学习、工作，而且在享受这一过程的时候，我们都会尽心尽力，让我们的人生不断地充实起来。因为感恩，即使我们在拥有很多的时候，我们也不忘与人分享；因为感恩，我们更不可能吝啬于我们的任何东西，哪怕是感情。因为感恩，我们越来越会用平和的心态看待这个世界。因为感恩，我们多了一份从容，少了许多计较。所以，就让我们每一个人试着并且尽量学会感恩，拥有一颗感恩的心，我们会时刻感到快乐，幸福也将围绕在我们的身边。

第八章
活——灵活处世，学会急流勇退

要想成功，首先就要学会如何做人。而我们的经验教给大家的做人之道，那就是——做人一定要灵活变通！但凡成功人士，最讲究的就是"灵活"二字，正所谓"通变之谓事"、"运用之妙，存乎一心"。所以，在为人处世的实际过程中，一定要因时、因地制宜，灵活变通，这样才能够常用常新。

远大目标，点滴实现

任何事情都要看得开，要把眼光放长远一些，以乐观的态度迎接美好的明天；任何事情也都应该从小处做起，点点滴滴，日积月累，这样才能够成就大事。

当今社会，面对竞争激烈的环境，我们不仅需要有宏远的策略，也需要有不忽略小事的执行力。想要比别人更优秀，那么就必须在每一件小事上下工夫。所谓成功，其实就是在平凡中做出不平凡的坚持。

"高处着眼"诚然是很好的，但是更多时候，我们需得从"低处着手"。被伟大理想毁灭掉的人，要比被渺小理想毁灭掉的人多得多，原因其实就在这里。

在古时候，黄河岸边有一片村庄，为了防止水患，农民筑起了一道巍峨的长堤。有一天，一位老农夫偶然发现蚂蚁窝忽然增加了很多，他心想，这些蚂蚁一定会影响到长堤的安全。就在他回村报告的路上，遇见了自己的儿子，他把情况告诉了儿子。

而老农夫的儿听了父亲的话之后，不以为然地说："那么坚固的长堤，根本不用害怕几只小小的蚂蚁！"随即拉着老农夫一起下田。

结果当天晚上风雨交加，黄河河水暴涨。咆哮的河水从蚂蚁窝开始渗透，终于冲垮长堤，淹没了沿岸的大片村庄和田野，损失惨重。

正所谓"千里之堤，溃于蚁穴"，小小的蚂蚁居然就造成了长堤被冲垮的惨剧。这样的事情听起来好像有些不可思议，但是当我们仔细想想，也确有道理。

第八章 活——灵活处世,学会急流勇退

老子说:"天下难事,必作于易;天下大事,必作于细。"指的就是任何事情都应该从大处着眼,小处着手。1%的疏忽就有可能导致100%的失败,细枝末节的小事情便有可能造成成与败两种截然不同的结果。

曾经有一位大学毕业生,他在找工作的时候只把目光锁定在外企和前景看好的大公司上,对于那些名不见经传的企业根本就是不屑一顾。当他的同学们纷纷成为上班族之后,他还没有找到单位。在很多年之后的同学聚会上,同学们大都已经是小有成就了,而他依然奔波于人才市场,四处投递求职材料。

这虽然是一个有些极端的例子,但是它却反映了一个道理:在择业过程中,好高骛远是一大误区。

对于刚刚走出大学校门的大学生来说,他们意气风发,有年轻人特有的朝气,而往往喜欢去追求那种工资收入可观、工作条件好、社会地位高的职业。其实,这样的选择等于是忽略了选择的双向性:你在寻找心目中理想的工作的同时,其实用人单位也是在寻找他们心目中的理想员工。

卡耐基曾经说过:"远大的目标是从一点一滴做起的。"从低处做起,脚踏实地,一步一个脚印;同时保持一种低调、谦虚的态度,不要过早地"展现",最好能够在实践中用良好的业绩和出色的能力来证明自己的能力。

社会其实就是一个大机器,个人的力量总是非常渺小的,但是,只要能够从低处做起,从每一步做起,取得一点一滴的成功,这样就能够让你的意志愈炼愈刚,毅力愈积愈强。自然也就能够用你的精力、才华为他人带来利益,为社会增添财富,只有这样,你才算是获得了真正

的、有价值的人生。

人生如日升日落，当太阳从地平线上升起来那一刻，世界就开始变得光明灿烂，可是当太阳从西边落下去的时候，就意味着黑暗即将来临。

人的一生总是变幻莫测的，更是令人无法把握的，我们不可能总是处于顺境，逆境在有的时候也会突然光临。而当你身在顺境的时候千万不要骄傲自满，一时的辉煌并不能够代表一生成功。

一定要让自己从低处做起，争取一个美满的未来。即使是自己身处逆境，也不应该选择自暴自弃，放弃自己对人生的追求。要让自己振作起来，坦然面对人生和际遇，重新规划自己的目标，从低处做起，创造一个新的希望。

赢在出路 »»»

高处着眼，低处着手，这才是人生路上走得远、攀得高的不二法门，要跨过"工作经验"的"门槛"，那么最为简单而有效的办法就是从"低处"做起。也只有这样，你才会有韧劲，才会有耐力。

推功揽过，坚守谦退之道

争功诿过可以说是影响团结的腐蚀剂，实际上，"功"是争不过来的，而"过"也是推不掉的。俗话说："有错要改不要盖，有过要揽不要推。"争功诿过其实是个人主义的不良习气，更是影响团结的离心力；而默默奉献，推功揽过则是一种崇高的修养和思想境界，能够产生维护团结的向心力。

第八章 活——灵活处世，学会急流勇退

《左传》记载，鲁国与齐国作战，鲁军大败，作为统帅之一的孟之反当时留在后面负责掩护大军撤退。

结果，当大家都安全撤回的时候，准备迎接他最后到达时，孟之反却故意鞭打着马说："不是我甘于殿后，而是我的马跑不快呀！"孔子也因此而赞扬孟之反不自夸和谦逊的精神。

对于一般人来说，能够做到不争功就已经非常不错了，很少有人还能够把自己本来就有的功劳推到一边去。也正是因为孟之反将军能够有这样高深的修养，所以就连孔圣人也对他大加赞赏。

刘秀打天下的时候，颍川的冯异当时投奔到了他的部下，被封为主簿。而冯异自从投奔到刘秀部下之后，就认定刘秀是一位贤明的开国之君，所以，忠心耿耿，誓死效力。刘秀初起时，兵力并不是非常强大，粮草供应也是十分紧张，经常连饭都吃不饱。

有一次，刘秀率兵奇袭饶阳，结果遇上了三九严寒，再加上两天没有吃饭，真是饥寒交迫！这个时候刘秀多想吃上一顿热汤饭呀！可是，当时四周空空如也，可是，冯异想方设法，为刘秀准备了一碗热汤饭。类似这样的时候还很多，但是这些事情，都给了刘秀以深深的感激和印象。

在跟随了刘秀两年之后，刘秀见冯异有大将之才，于是就把自己一部分的部队分给冯异让他带领。不久之后，因为冯异的征战有功，被封为应侯。

而在刘秀麾下的将军之中，冯异可谓是一个治军有方，爱护士卒，深得部属拥戴的大将，所以，很多士兵都愿意在他的部下当兵。

每次大战之后，刘秀都会为将军们评功进赏。这个时候，各位将军都为了争功得赏，大喊小叫，以致拔剑相向，吵得不可开交。但是冯异

却从来不争赏,每一次都是独自静坐在大树下,任凭刘秀评定,结果,当时就给他取了一个"大树将军"的绰号。

而等到刘秀称帝之后,虽然大局已定,各地依旧是战乱不停。当时刘秀定下策略,以平定天下、安抚百姓为主。最后,左思右想,选定冯异率兵从洛阳西进,以平定关中三辅地区。

就这样,冯异率领大军,一路安抚百姓,宣扬刘秀的威德,所到之后,纷纷归顺,几个月的时间,就完全占领和平定了关中三辅地区,冯异为刘秀再一次立下了汗马功劳,之后,冯异被拜为征西大将军。

紧接着,冯异又连续平定数地,威势益震。这个时候,开始有奸臣在刘秀面前挑拨离间:"冯异现在在外面的名声很大。他到处收买人心,排除异己。咸阳地区的老百姓,都把他称为'咸阳王'。皇上,你可得提防着点啊!"

结果刘秀听完之后,就让人把话传给冯异。冯异听说之后,十分紧张,马上向刘秀上书自白,请刘秀不要听信谗言。

而汉光武帝真可谓是一代贤君,在收到冯异的信之后,马上回信说:"将军你对国家和寡人说来,从道义讲是君臣关系,从恩情讲如同父子,你根本不用介意奸人的语言。"为了表示诚意,刘秀甚至把冯异的妻、子都送到咸阳,而且还给他了更多的封赏与权力。而冯异一直到自己死去,都是尽忠王事,并且从来不居功自傲。

古语讲"功高盖主","狡兔死,走狗烹"。冯异战功赫赫,兵权在握,如果刘秀不是一代贤君,那么恐怕早就身首异处了。其实,正是由于冯异从不以功自居,坚守谦退的正道,这也是其终保平安的一个原因。所以,在下者对在上者,切忌以功自居。

第八章 活——灵活处世,学会急流勇退

赢在出路 》》》

当我们换个角度来看,自傲对自己是没有好处的,除了导致人际关系紧张之外,还会使自己丧失理性,甚至会招致祸患。

退让不是牺牲,而是海阔天空

在学习上,我们每个人都希望自己天天有所进步;在事业上,我们也希望自己能够事事顺利;在生活中,我们更希望自己天天幸福。可是,愿望和现实总是存在着很大的距离,美好的愿望并不一定都能够实现。

愿望美好、固然可以,但是如果对于这些愿望的追求到了不知进退的地步,那就会成为阻碍我们成功的巨大障碍。

荣誉和财富是人们不断追求的,但是有的人为了追求它们竟愿意不顾一切地放弃很多宝贵的东西。

也许这样的人本身有着很强的能力,自然也有很多好的机会,但是千万不要忘记,在有的时候,前面没准就是陷坑,跌下去可能就会粉身碎骨;在有的时候前面可能是一堵墙,撞上去没准就会鼻青脸肿。

在这个时候,明明知道前方并不适合继续疾步快走,但是却因为一时贪念,或者是一时意气而顽固执拗,到头来就会得不偿失。如果这个时候懂得以退为进,能够转个弯、绕个路,那么世界一样会有其他更为广阔的空间,正所谓:"退一步海阔天空。"

引擎利用后退的力量,反而产生更大的动能;空气越是经过压缩,反而越具有爆破的威力;军人作战,有的时候要迂回绕道,转弯前进,这样才能够获得胜利。在很多时候,我们想要做成一件事情,必须先低头匍匐前进，这样才能够有扬眉吐气的那一天。

有很多古人都知道以退为进的道理。

在春秋时期，楚王的第三子也就是大名鼎鼎的季札，他非常有才华，而且为人宽厚谦虚，因为季札的贤能大家有目共睹，楚王最后决定传位于他。但是没有想到的是季札竟然推辞。说自己上有长兄，应该由长兄继位。

就这样，季札一直以来都帮助长兄治理国家，直到长兄去世以后，大臣们又再一次举荐他为王。而季札则微笑地告诉大家，虽然说长兄已经去世了，但是他还有次兄；次兄也比自己有才华，而次兄更适合君王的位置。

就这样，次兄即位之后，直至去世以后，全国上下的人民又多次推举，希望他能够出来领导全国。

季札劝大家说道，故世的先王之子才应该继任王位，这样才名正言顺，故而仍然退而不就。

可能在很多人的眼中，季札在继承王位的这个问题上，他的才能可以说是一点也没有体现出来。他为什么会一而再，再而三地谦让，难道真的是季札迂腐，甚至季札愚蠢是吗？

其实，季札之所以让出君王之位，就是为了不让原本混乱的朝廷再生事端。众所周知，为了争夺君王之位有多人反目成仇，又有多少国家因为内乱而灭亡。

对于季札来说，自己居于君王之位并不能够帮助自己的国家，反而做一个臣子，可以帮助国家强大起来。季札可以说有一种顾全大局、以退为进的气度和智慧，所以后来在历史上留下了贤能之名。

三国时期，刘玄德知道太子刘禅无能，于是就想让诸葛孔明取而代

第八章 活——灵活处世，学会急流勇退

之，但是因为诸葛亮谦让，反而让刘禅更加听从孔明的计策。周公辅佐成王，虽然是长辈，也一直以臣下自居，所以后来得到了更多人的敬重。

由此可见，退让并不是牺牲，所谓"失之东隅，收之桑榆"，有的时候以退为进，却更能够成功；退让也不是没有未来，退让之后往往会在另外一方面有所得。

有的人非常重视"韬光养晦"，而有的人则等待"应世机缘"。人生追求的是圆满自在，如果只知道前进而不懂得后退，那么他的世界也只能够算得上只有一半。所以，懂得"以退为进"的哲理，可以将我们的人生提升到更高的境界。

赢在出路 》》》

以退为进是人处世的最高哲理。低头、退让并不意味着没有未来，退让之后往往就是另一个世界，为人处世就应该以退为进。

淡泊以明志

我们应该有高远的理想，壮志凌云、气冲霄汉，就好像诸葛亮以"宁静以致远，淡泊以明志"为座右铭一样，做人一定要有淡泊名利的心境。

在人们眼中，壮志凌云和淡泊名利似乎本身就是矛盾的。刘禹锡的《陋室铭》和陶渊明的《归园田居》都是淡泊名利、归隐山林、淡化理想的名篇。但是这两点却并不矛盾，是一个和谐统一的整体，能够将做人和做事完美地结合在一起。

淡泊名利，无私奉献，我们要有更加宽广的胸怀和更加高远的志

向。个人名利的得失与伟大的社会主义现代化建设事业相比起来，自然是微不足道的。古代的先贤尚且可以有"先天下之忧而忧，后天下之乐而乐"的情怀，我们现代人更应该有淡泊名利、无私奉献的精神境界。

"我就是一名普通的教师，教学平平，工作一般，根本不够推荐院士的条件，我要求把申报的材料退回来。"在1999年的时候，马祖光得知学校把为自己申报院士的材料寄出去之后，就十万火急地给中科院发出这样一封信。他的理由其实是说的心里话，很多比他优秀的学者当时也没有成为院士。

2001年，新的院士评审规则要求：申报的材料必须由申请者本人进行签字，而这个时候，马祖光却拒绝签字。在申报期限的最后一天，学校原党委书记只好以学校党委书记的名义到他的家中做思想工作。

"我年纪大了，现在评院士也已经没有任何意义了，应该让更年轻的同志评。我一生只求无愧于党就行了。"马祖光还是不愿意签字。

"你评院士也不是你个人的事情，这关系到学校，是校党委作出的决定。你是一名党员，也应该服从校党委的安排。"紧接着，他们聊到了学校的党建工作，这也更加激起了马祖光对于入党以来的美好回忆："我这一辈子从来都是服从党组织的安排……"就在这时，校党委书记紧接过话头，"那您就再听从一次吧！"

"迂回战术"真的奏效了。马祖光勉强签了字，半天没有说话。申报之后，马祖光被成功选为中科院院士，他说："第一是党的教育和培养，第二是依靠优秀的集体，第三是国内同行的厚爱。"

在申报的过程中还有一个小插曲。中科院审阅马祖光的院士推荐材料的时候，产生了疑问：作为光学领域知名专家，马祖光的贡献大家是有目共睹的，但是在许多论文中他的署名总是在最后，这到底是为什

第八章 活——灵活处世,学会急流勇退

么呢?

哈工大光电子技术研究所博士生导师胡孝勇说:"他一直以来,为别人做了大量准备工作,而且花费了很大的心血。他依据每个人的特点,总是会把争取来的许多课题分出去,让别人去当课题组的组长。可见马老师是没有半点私心的。"

哈工大光电子技术研究所博士生导师王月珠也说:"马老师从德国回国之后,把自己在国外所做的许多实验数据都交给我进行测试。测试之后,我的论文被他修改了三四遍,我便把他的名字署在了最前面,结果他一口回绝,最后他的名字还是排在了最后面。"

几乎每一篇论文的署名都是这样的一个过程:别人总是会把马祖光排在第一位,但是他立即就把自己的名字勾到最后,改过来勾过去,总要反复多次。

在2001年,马祖光被评上院士之后,学院给他配了一间办公室,并且准备进行装修。马祖光急了:"要是装修,我就不进这个办公室。"最后马祖光没有进去,而是把自己的办公室改成了实验室。马祖光和六名同事就挤在这样一间办公室里,很多人都说办公室太小了,他却说:"挤点好,热闹!"

克己奉公,淡泊名利。正像马祖光所说:"事业重要,我的名不算什么!"

正确对待名利,一个人无论取得了多么优秀的成绩,都应该清醒地看到:个人的力量和作用肯定是有限的。不计名利得失,不计荣辱进退,能够做到吃苦在前,享受在后,并且将自己的一切献给国家和人民,这样的人才是真正的伟大。

空虚者是没有理想、无所期盼的;落寞者是有理想、有期盼而不能实现它们的;苦闷的彷徨者往往是能实现理想而不能把握的。这些,都

是他们不懂得人生所要经历的几大境界，也是不能够正确适度地处理理想和现实的关系所造成的。

赢在出路 》》》

性格豪放的人心胸必然是豁达的，壮志无边的人思想必然是激越的，思想激越的人必然容易触怒世俗和所谓的权威。而现如今的社会则要求成大事的人能够隐忍不发，放下功名，一心奋斗。

盲目扩张不是明智之举

在很多情况下，失败的原因并不是挫折和磨难，而是自身的疯狂和膨胀。因为不懂得放弃，不懂得退让，一意孤行最后到了疯狂的地步，那么这个时候距离灭亡也就不远了。俗话说："上帝让谁灭亡，必先使其疯狂。"

有太多的成功会让我们陷入到疯狂扩张的迷局当中。这个时候越成功，离失败就越近。

我们大家都熟悉这样一句励志名言："失败乃成功之母。"而这句话反过来思考，我们就得出了另一句警世名言："成功是失败之父。"而这样一句话用在德隆的身上则是再合适不过了。

创业于80世纪80年代的某战略投资公司就好像是一架高效率的战车，一路收购，一路斩杀，气魄之大，令人惊异。可是，辉煌之际却也是陨落之时。就在人们还在炫目于它的光彩时，顷刻间，其战车倾覆，高层被拘，好像变成了一架失去控制的战车，走向了崩溃。

它的创使人创造了众多经济概念：产业整合、全球并购、资产共

第八章 活——灵活处世,学会急流勇退

享、资产改善、资产创立、资产裂变、投资项目模拟试验等。

他们从其初期整合的水泥产业开始,从大汽配到重型卡车,从电动工具到园林工具、数控机床。涉足了汽配、水泥、矿业、食品、现代流通、旅游、金融等产业,而到了后期,参股的公司多达177家。他们所带领的公司则成为了无所不能的全能企业。

可是问题很快就出现了。一方面是由于战线拉得太长,产业投资回报的周期长短搭配不当,持续的并购和后续管理费用只能够依靠融资解决,财务成本越来越高,最终就给公司带来了巨大的资金压力。

虽然旗下数百亿产业链每年大约能产生6亿元利润。可是这笔钱用来偿还银行贷款已经十分紧张了,再加上每年产生的巨额管理费用和民间拆借资金成本,公司的现金简直就是入不敷出。

另外一个方面,盲目扩张,没有依托主业、没有培育主业的核心竞争优势、没有处理好如何多元化和调整多元化结构的问题是公司失败的根源。盲目地扩张,虽然一方面让其可以迅速做大,但是另一方面由于其所迈进的新领域不能迅速赢利,不仅让金融业务深受其累,而且让实业深受其累,一旦资金管道枯竭,实业也就随之消亡了。

《财经》杂志评价该企业的领导人:一个清醒地制造危机的赌徒,一个梦想把火山化作金矿的狂人。

它的失败,可以说是给那些野心勃勃的人敲响了警钟。现在我们很多人都存在着"做大做强"的情结,可是千万不要忘记这一情结容易变成一个解不开的"死结",成为一个陷阱,牢牢地拴住我们不能前进,让我们在博弈中身陷困境,受缚其中,不得解脱。

我们每个人精力都是有限的,时间更是宝贵。如果想得到的东西太多,那么必将需要花费更多的精力和时间,这也将大大增加自己的压力,而这样的压力无疑对我们做出明智的决策会造成更大的困难和

风险。

德鲁克曾经说："一个企业的多元化经营范围越广，协调活动和可能造成的决策延误就越多。"可见，盲目扩张也绝对不是明智之举。

赢在出路 》》》

因为不懂得放弃，即使你成功了也并不是一件好事。太多的成功会让我们陷入疯狂扩张的迷局。一个想得到更多的人，必然会变得疯狂，而上帝让谁灭亡，必先使其疯狂。

居功不自傲，懂得急流勇退

退隐其实是让一个人远离祸患的好办法，因为它能够更彻底，更有效地保护一个人的平安。所谓急流勇退、功成身退，这其实是一种非常明智的生存法则。

在公元前5世纪，在今天的苏杭一带，有吴、越两国。两国虽然相邻，但是却为了争夺霸业，互不相让，相互之间进行着长期的对抗。

到了后来，越王勾践败于吴王夫差之手，而不得不逃亡会稽山，忍辱负重与吴国进行和谈。在经过了几次交涉之后，吴国才勉强答应让勾践回国。

勾践回国之后，并没有忘记自己所受过的耻辱，卧薪尝胆，立誓雪耻，终于灭掉了吴国。而在当时帮助越王成功的就是范蠡。

对于勾践来说，臣子虽然可以与他分担劳苦，但是却不能够与他共享成果。范蠡当时在被任命为大将军之后，深刻知道自己在勾践的手下工作才是危机的根源。于是他便向勾践说明了自己的辞意，勾践并不知

第八章 活——灵活处世，学会急流勇退

道范蠡的真实想法，于是就拼命挽留他。可是范蠡去意已决，离开越国后搬到了齐国居住，并且从此之后与勾践一刀两断，不再往来。

移居齐国之后，范蠡不问政事，开始与儿子一起共同经商，结果很快就成为了富甲一方的大富翁。这个时候齐王也看中他的能力，打算请他当相国，但是却被范蠡婉言谢绝。

因为范蠡深知"在野而拥有千万财富，在朝而荣任一国之相，这确实是莫大的荣耀。可是，荣耀太长久了反而会成为祸害的根源"。于是，范蠡将自己的财产分给众人，又悄悄离开了齐国，到了陶地。

而在不久之后，他又在陶地经营商业成功，积存了百万财富。

可见，范蠡真的是才智过人，并且具有过人的洞察力。他在当初之所以能够离开越国，拒绝齐王的邀请，以及成功地经营事业，这些都是源于他深刻敏锐的洞察力。

而战国时代的商鞅，他就不懂得功成身退，下场非常惨。商鞅仕秦孝公的时候，以历史上非常有名的"商鞅变法"的功绩，从而奠定了自己的地位，同时巩固了秦国的统治。但是，商鞅的最大不幸，就在于他触犯了自己强有力的靠山——秦孝公。

当初，他为了孝公断然采取了极其严厉的政治改革措施，虽然为秦国政治清明、富国强兵作出了很大的贡献，但是很显然，改革也触动到了新兴地主阶级的利益，结果一时间在朝野上下树敌很多。但是当时有孝公的支持，所以敌人对商鞅也是无可奈何。但是当时商鞅也让孝公感到了威胁。

在《战国策》中记载："孝公疾起，传位商君，商辞而不受。"这是孝公生前故意传位，来试探商鞅的诚心，可见，商鞅已经让自己的主子怀疑了。

而在这个时候，本来是他主动"功成身退"，隐遁避险的最好时机。再加上还有赵良引用"以德者荣，求力者威"的典故力劝商鞅隐退，但是商鞅却在"退"字上不以为然、固执己见。

最终，孝公将他架空，政敌也开始伺机报复，而在秦孝公去世之后，反对派就开始在新王即位之后，纷纷策动陷害他，最终他以谋反罪名被处以五马分尸的极刑，使得其一世荣华顿时化为乌有，死后依旧是骂声不绝。

商鞅之所以会惨遭毒手，就是因为他只知道一味地进，却不知道如何退，所以才引起众怒，下场怎么会好呢？

至于隐退与否，其实是因人而异的。当然，最后的理想结局当然还是属于那些"功成身退"、"告老还乡"，保全自身，此乃"天之道"也。

赢在出路 》》》

懂得功成身退的人，知道何时保全自己，何时成就别人，能够以一种儒雅之风，来笑对人生。

第九章
止——过犹不及,凡事适可而止

人生犹如流水,事盛转衰,物极必反。而且,想要成为成功人士,做任何事情都要依循中庸之道。"不及是大错,太过是太恶",只有恰到好处,不偏不倚才是中和,才是智慧。

伟大植根于谦卑

老舍说:"骄傲自满是我们的一座可怕的陷阱;而且,这个陷阱是我们自己亲手挖掘的。"

而对于有一定身份和地位的人来说,位高不炫,家丰不显,能够放下身段和大家一样平和相处,这样不仅不失身份,反而更能够获得大家的尊重。

在美国曾经发生过这样一件事。在一个深秋的傍晚,在纽约的一个既脏又乱的候车室里,靠着门的座位上坐着一个满脸疲惫的老人,而他背上的尘土及鞋子上的污泥就可以看出,他走了很多的路。

列车进站了,开始检票,老人不紧不慢地站起来,准备朝着检票口走去。忽然,候车室外走进来了一个胖太太,她提着一只很大的箱子,很明显也是要赶这趟列车,但是由于箱子太重,累得她呼呼直喘。结果胖太太看到了那个老人,冲他大喊:"喂,老头,你给我提一下箱子,我给你小费。"结果那个老人想都没想,就接过箱子和胖太太一起朝着检票口走去。

他们刚刚检票上车,火车就开动了。胖太太擦了一把汗,庆幸地说:"还真多亏你,不然我肯定是赶不上这趟火车了。"边说话,她掏出1美元递给那个老人,老人微笑着接过来。而这个时候,列车长走了过来,对那个老人说:"洛克菲勒先生,你好。欢迎你乘坐本次列车。请问我能为你做点什么吗?""谢谢,不用了,我只是刚刚做了一个为期三天的徒步旅行,现在我要回纽约总部。"老人客气地回答。

"什么?洛克菲勒?"胖太太这个时候惊叫起来,"上帝,我竟然让

第九章　止——过犹不及，凡事适可而止

著名的石油大王洛克菲勒先生给我提箱子，我居然还给了他 1 美元的小费，我这是在干什么呢？"她忙向洛克菲勒道歉，并且诚惶诚恐地请求洛克菲勒把那 1 美元小费退给她。

"太太，你不用道歉，你根本没有做错什么。"洛克菲勒微笑着说，"这 1 美元是我挣的，所以我是一定会收下的。"说着，洛克菲勒把那 1 美元郑重地放在了口袋里。

真正的大人物，即使他们成就了非凡的事业，但是却依旧过着非常平凡的生活。他们从来都是非常谦虚的，他们不会因为自己的位高而不可一世，有钱而盛气凌人，他们也从来不会见到别人就吹嘘自己的成功，他们当中的大多数人都能够在社会群体中摆正自己位置，平和地去做着自己分内的事情。

瑞典前首相帕尔梅是一位非常受人尊敬的领导人。他在当时虽然贵为政府的首相，但是却一直住在平民的公寓里。

帕尔梅的生活非常简朴，平易近人，与平民百姓毫无二致。帕尔梅的信条是："我是人民的一员。"

帕尔梅除了正式出访，或者是特别重要的国务活动外，他去国内外参加会议、访问、视察和私人活动，一向都很少带随行人员和保卫人员。

1984 年 3 月，帕尔梅去维也纳参加奥地利社会党代表大会，这一次他也是独自前往的。当他走入会场的时候，但是还没有人注意到他，直到他在插有瑞典国旗的座位上坐下来，人们这个时候才发现他。而对于帕尔梅的这一举动，与会人员更是啧啧称赞。

帕尔梅同他周围的人关系相处得很好。工作之余，帕尔梅还总是会帮助别人，毫无首相的派头。

由于帕尔梅一家经常到法罗群岛去度假，于是他便和那里的居民建立起了密切的联系，那里的人都把他看作是非常要好的朋友。而帕尔梅也经常在闲暇的时间独自一个人骑车闲逛、铡草打水、劈柴生火、帮助房东干些杂活，通过这样的方式来与群众保持更紧密的联系，使彼此之间亲如家人。

帕尔梅的平易近人，让他与许多普通人通过信件建立起了深厚的友谊。他在位的时候，平均每年收到1.5万多封来信；而且其中大约有1/3的信件是来自国外，为此他专门雇用了4名工作人员及时拆阅、处理和回复，做到任何一封信件都必须回复。不仅如此，他对于助手起草的回信，是一定亲自过目，然后才签发。这一切都使他的形象在人民心目中变得日益高大。

而在瑞典人民的心目中，帕尔梅是首相，又是平民；是领导人，又是兄弟、朋友，他才是人民心目中真正的英雄。

其实，越是伟大的人物越懂得谦卑待人。放下身段，绝对不会让高贵者变得卑微，相反，会让人们更加敬重他。这样的人往往能够把自己的生命之根深深扎在大众这块沃土之中，这样的人怎么能够不根深叶茂，令人敬重呢？

赢在出路 》》》

俗话说："三十年河东，三十年河西。"你再得意，也仅仅是某方面、某时的得意。一方面不如你，他不见得其他方面不如你；一时不如你，他不见得彼时不如你。所以，万不可炫耀自己，更不要做骄傲的孔雀。一时的风光，无法成为一世炫耀的资本。

第九章 止——过犹不及，凡事适可而止

欲壑难填，不要被贪婪诱入歧途

曾经有一位哲人说过："贪婪与挥霍一样，最终都会使人成为一小块面包的乞讨者。"如果我们渴望太多的东西，欲壑难填，就会因此而失去心灵的自由，永远成为欲望的奴隶，把自己也折磨得心力交瘁，但是却得不到任何有价值的东西。

贪婪是人性的一大弱点。我们原本是赤条条地来到人间，了无牵挂，一身轻松，可是到了最后，却因为自己的贪婪而背负了太多的负担，最终负担太重，失去了最初的轻松和快乐，而那些脱离实际的目标最终也是难以实现的。

贪婪往往会打破人们内心的平静，它可以让一个人的世界观和价值观变得物质化，热衷于金钱的占有和名利的获得，甚至是不惜采取不正当的手段来获得名利，结果反而是深陷其中，无法自拔，从而失去了心灵的自由。所以，当你抱怨自己的生活太忙太累的时候，不妨想想是否是无法填平的贪欲令自己疲惫不堪、伤痕累累？

曾经有一对兄弟在去城里赶集的道路上遇到了一位须发斑白的老神仙。老神仙说："既然相遇，这就是缘分，我现在告诉你们一个秘密，你们所住地方的附近有一座山，这座山在明天早上太阳刚刚升起的时候会张开一个山洞，从这个洞口进去就可以看到数不尽的黄金，而且这个洞里的黄金你们是可以拿的，但是必须要在太阳落山之前走出山洞，不然的话你们则会被闷死在大山底下。"

兄弟二人听完老神仙的话以后，可以说是喜不自胜，对他千恩万谢，然后高兴地回到家中，就等着第二天进入山洞里面去取黄金，兄弟

做梦都想要得到黄金。

在第二天一大早,兄弟两个人就各自拿着自己准备好的袋子出发了,当他们来到山里,果然看见山脚下裂开一个山洞,兄弟两人进入山洞,眼前的景象果然和老神仙所说的一模一样,山洞当中到处都是黄金,取之不尽。

兄弟二人就一直往自己的口袋里装啊装。终于,弟弟的口袋已经装满了,他告诉哥哥应该回去了,否则太阳落山之后就永远出不去了。

但是哥哥却非说他的袋子还没装满,弟弟走过去一看,天啊,原来哥哥准备了一个特制的大袋子,要想把这个袋子装满那真的需要费一番工夫。但是关键问题是,就算是把这个袋子装满了,他也是无法背出山洞的。当弟弟把自己的这一想法告诉哥哥的时候,哥哥不屑地说,只要弟弟帮他装满了袋子,他就一定能够背出去。于是弟弟只好帮哥哥继续往袋子里装黄金,后来袋子终于装满了,而这个时候太阳马上就要落山了,于是兄弟二人便开始往外走。

在路上,只背着一小袋金子的弟弟走得比较快,但是哥哥却因为装的黄金太多而寸步难行。

弟弟就要走到洞口了,他看见太阳马上就要落山了,于是告诉哥哥快扔掉些黄金,赶快出来。但是哥哥却根本就不听,执意要带着黄金一起走。

在太阳落山的一刹那,劝说不动哥哥的弟弟只好无奈地走出了洞口,当他回过头的时候,山洞已经关闭了,过于贪婪的哥哥和他背负的满满一袋黄金永远地被埋在了山底下。

贪婪不但无法让我们得到自己想要的,反而可能让自己失去更多原本拥有的东西。

但是很多人还是会羡慕别人的"豪宅",嫉妒别人的"洋车",并

第九章 止——过犹不及,凡事适可而止

努力去追逐,让自己也能拥有。可是,世界上的诱惑实在是太多了,永远都会有更好的东西在前面招手,如果你不知道满足,永远都会寝食难安、心急火燎。

所以,保持一颗淡泊之心,让自己少一点贪念,那么我们就不会把自己折腾得身心疲惫、永无宁日了。

赢在出路 》》》

努力地把心从物欲当中解脱出来,正确地认识生命的价值,找到生活的意义,这样才不会再被外界的诱惑引上歧途,更不会因为贪欲而使自己心力交瘁。

不要处处追求完美

从古至今,上自帝王将相,下到平民百姓,在人生当中不是有这种缺憾,就是有那种缺憾。而且它清楚地表明,人生没有缺陷是不可能的,拥有缺陷才是真实的生活。而且,天才也是有缺陷的,不懂得缺陷的真意,就无法领悟到这个世界的另一面。

俗话说得好:"帆只扬五分,航船便能安稳;水只注五分,器具便能稳定。"任何事情留一点缺陷,做事留一点余地,千万不要困在圆满中走向极端。事情太圆满则应该自我减损,自我抑制。

虽然说退让意味着残缺,但是残缺并不一定就是败笔。缺陷常常是事实,我们总是希望一切都能够圆满,希望一切都可以做到最好,结果在生活当中全都是遗憾。其实,如果我们能够坦然地面对残缺,接受并发现它的意义,缺陷又何尝不是一种美丽呢?

任何事情追求完美的本身就是一种不完美。有的时候抱着一点残缺才能够心安理得，乐在其中。如果是处处追求圆满，那么到了人生终结之时也是难有圆满境界的。

　　因此，我们不妨奉行一种抱残守缺的原则。所谓抱残守缺，其实就是指对待一切事情，都不苛求它的圆满，更不要妄想它一切尽如人意。而以不圆满为圆满，以不完全为完全，以不如意为如意。抱残守缺以致神用，自得天全。

　　南怀瑾先生曾经说过："有一位朋友谈到人之求名，他说有名有姓就好了，不要再求了，再求也不过一个名，总共两个字或三个字，没有什么道理。"

　　有一次，南怀瑾先生从台北坐火车旅行，与他坐在同一个双人座的旅客，正在看他写的一本书。差不多快到南站，见读者一直看得津津有味。后来他们两个人就交谈起来，谈话当中读者告诉南怀瑾先生说："这本书是南怀瑾所作。"南怀瑾先生笑着说："你认识他吗？"他答："不认识啊，不过我知道这个人写了很多书。"

　　南怀瑾先生并没有告诉读者，自己就是这本书的作者。只是在临分手的时候，把自己的随身携带的另一本书送给了这位读者，以表示感谢。

　　其实，南怀瑾先生和读者的这次偶遇，正是因为一点点小小的遗憾才更让人难忘，也更可以看出南怀瑾先生的虚怀若谷的胸怀。

　　有的时候，残缺才会有美感。对爱情小说而言，情节当中留一点缺陷，总是美好的。又比如一件古董，有了一丝裂痕摆在那里，绝对会让人非常心痛。假如完好无缺的东西摆在那里，人们可能也只是看看而已，绝对不会心痛。可是人们总是觉得心痛才有价值，意味也才更深长，而这就是"守半守缺"的人的处世观。

第九章　止——过犹不及，凡事适可而止

人生为什么有了缺陷就要拼命去补足呢？正是因为我们有这样，或者那样的缺陷，我们的未来也才会有无限的生机和无限的可能。外在条件虽然不好，就用内在条件来进行弥补，外在环境有缺陷，内心则一样可以圆满。

赢在出路 》》》

退让可能是意味着残缺，但是残缺也并一定不好。不懂得缺陷的真正含义，就无法领悟到这个世界的另一面。我们的生活只有存在一些缺陷，我们的未来才会有无限的生机，内心也才能够感到满足。

对过度的要求要说"不"

行走于社会当中，免不了要遇到别人需要我们帮忙的时候，有的事情是我们力所能及愿意去做的，但是有些事情并不是我们愿意做的，而有的事情则是我们没有能力做的。但是，由于人们都有一种"不好意思拒绝对方"的心理，那么在"面子"的压力之下，我们总是难以把"不"字说出口，怕对方会因此而不高兴，更怕因为说了"这件事我办不了"而失去了"面子"，从而影响到自己在别人心目当中的形象。

在大多数情况下，我们就半推半就地答应了，结果就是自己不甘心也不情愿地去完成了一些本来就可有可无的请求。而且更惨的是，一旦事情没有办好，那么对方多会埋怨，自己可以说是吃力不讨好，并且还影响了与对方之间的感情。可能你就会常常后悔地问自己，当时我为什么不能够坚决一点说"不"字呢？

其实，从某种角度来说，明确地拒绝人家，这是"利人利己"的事。正如一位诗人所说："当你拒绝不了无理要求的时候，其实你既害了别人，也害了自己。"一味地忍让、退步和沉默只会让人觉得，这样做是你喜欢和情愿的，你不会发火，更不会介意。所以，自己与别人的关系在交往的分寸上就模糊了，结果最后受伤的往往还是自己。所谓害人则是助长了他的惰性，害己则是说违心地做自己不想做的事情，那么就会让自己倍感压力。因此，勇敢地表达自己真实的想法和感受，宣布出你的爱与憎这也是非常重要，而且也是必要的。只有这样，别人才会明白你的需要是什么，你讨厌和拒绝的是什么，这也相当于是告诉了人们："我的心灵底线就在这儿。"

玛利亚在上大学一年级的时候，每个月只有 50 英镑钱的生活费，这其实已经够用了，但是她却经常感到拮据。原因就是，有的时候同学邀请她参加聚会，她只能说"行"，这样也就意味着第二天她的午饭没了着落。

有一天上午，她的姨妈邀请她去吃午饭。实际上，此时的玛利亚只有 20 英镑了，而且这些钱还需要维持到月底，可是她觉得自己"无法拒绝"姨妈的邀请。

当时玛利亚知道一家合适的小咖啡馆，在那里可以一人花 3 英镑吃顿午饭。那样的话，她就可以剩下 14 英镑用到月底了。

就这样，玛利亚领着姨妈朝着那家小咖啡馆的方向走去。可是突然，她的姨妈指着对面那家"典雅咖啡厅"说道："那儿不是挺好吗？那家咖啡厅看上去不错。"

"嗯，好吧。"玛利亚只好这样说了，但是她心里想着："亲爱的姨妈，我的钱本来就不够，不能带您去那豪华的地方，那儿太贵了，花钱很多的。"可她又一想："或许买一份菜的钱还是够的，去就去吧。"

等到服务生拿来了菜单，她的姨妈看了一遍后，选了几道菜单上比较贵的菜，结果一下子就花掉了 20 英镑。

第九章 止——过犹不及,凡事适可而止

虽然玛利亚很是心疼,但是依然没有将"不"字说出口,甚至最后在结账的时候,连准备给服务生的1英镑也没有了。姨妈看了看钱,又看了看玛利亚。突然问道:"你在大学里学语言专业吗?"

"是的。"

"在所有的语言当中,哪个字最难念?"

"最难念?我不知道。"

"就是'不'这个字。随着你的长大成人,你必须学会说'不',特别是对你非常亲近的人。其实,我早就知道你没有足够的钱上这家餐馆,我这一次是让你得一个教训,所以我不停地点最贵的菜肴,而且还注意着你的表情,真是个可怜的孩子。"她付了账,并且最后给了玛利亚50英镑钱作为礼物。

几乎所有的人,在从小到大的过程中,都会受到周围同学、朋友的怂恿。鉴于此,所以我们必须学会在面对无理要求和自己无法做到的事情的时候,要明确地说"不"字。

学会拒绝,你不是超人,不能够让每个人都满意。因此,在任何时候,如果你要接受别人的请求,一定要衡量自己的能力,尽快地决定自己答应还是拒绝。拒绝也并不代表着弱势,更不意味着逃避或是偷懒,恰恰相反,拒绝是对自己负责,更是对别人负责。

总之,该说不的时候,一定要说不。学会了拒绝,才能够让我们更加坦率,更便于自己不必为他人之愿所累。

正如伏尔泰所说:"当别人坦率的时候,你也应该坦率,你不必为别人的晚餐付账,不必为别人的无病呻吟弹泪,你应该坦率地告诉每一个使你陷入一种不情愿,又不得已的尴尬局面中的人。"

赢在出路》》》

学会拒绝，千万不要为了迎合别人做自己不想做的事情，更别做别人思想的奴隶。

极盛之时常怀退让之心

古往今来，历史的宝贵经验告诉我们，在盛极的时候，往往就会种下衰败的祸根，而一种机遇的转变可能也就是在衰败的时候所出现的转机。所以，当我们在颓败、逆境的时候，也应该要保持一颗积极的进取之心，而在极盛之时、顺境的时候也一定要心怀退让之心。因为只有在极盛之时常怀有谦虚和退让之心，这样才能够让自己保持冷静和理智，而且也能够让自己做到锋芒不露，避免以后的祸患。

在《易经》当中有这样一句话"月中则昃，月盈则食"，其实是说，在宇宙万物之间，万事万物都是由盛而衰，在极盛的时候可能在某一方面就开始流露了衰落凋谢的预兆。由此可见，我们在极盛的时候，也需要时刻保持清醒的头脑，能够做到防患于未然。

汉成帝曾经在游玩花园之后，想与班婕妤同坐一部车回宫，可是班婕妤却婉言辞谢道："我看到古人的图画当中，圣贤的国君都是由有富名望而贤明的臣子陪在身边的；三代（夏、商、周）末世的君主，才有宠幸的臣妾在侧。而现如今，君主居然要与我同乘一部车，那么君王不是和他们一样了吗？"后来，太后听到了班婕妤所说的这些话，心中很是高兴，于是说道："在古代有贤惠的樊姬，现如今有班婕妤。"

到了后来，飞燕谗毁班婕妤，说她背地里诅咒后宫，甚至还在背地

第九章 止——过犹不及，凡事适可而止

里咒骂皇上。于是汉成帝就去调查班婕妤，而班婕妤回答说："臣妾听说：死生由命，富贵在天。自己的德性修养端正，尚且未必能够蒙受上天所赐的福分；但是，如果我们去做一些邪恶，甚至是不正经的事情，那么又怎么还能够指望上天的赐福呢？如果鬼神有知觉的话，那么他们也一定不会接受这些奸邪谗佞的诉讼；如果鬼神没有知觉，那么告诉他们这些又有什么用呢？因此，我这一辈子是坚决不会做这样的事情的。"

汉成帝听完班婕妤的话，觉得她说的很有道理，最后就赦免了她，并且还赏赐给班婕妤黄金百斤。结果飞燕知道这一消息后，是又羡慕，又生气，而班婕妤担心自己迟早会被飞燕所害，所以就请求去长信宫伺候太后。

从班婕妤不与君主同车，到后来去长信宫伺候太后，这些都可以充分说明她能够在极盛之时保持一份清醒的头脑，不得意忘形，从而避免了日后的很多杀生之祸。

在一个人的人生极盛之时，可能他做什么事情都是顺利的，而这个时候的他就好像是站在了人生的风口浪尖，而有的人在这个时候，往往就会开始利用自己现有的优势，来一个呼风唤雨，而真正的聪明人却懂得有退让之心，也正是因为这种退让之心，才能够让他们规避人生当中很多不确定因素，所以，我们不能不佩服他们聪明的处世智慧。

由于把四川治理得非常好，高士廉在贞观五年（公元631年）被上调进入京师，出任为吏部尚书，掌管官员们的选拔任命。

这可以说是朝廷当中一个权力极大的要害部门，但是高士廉却从不谋私利，办事公允，而他所提拔的人也都能够用其所长。

当时唐太宗李世民准备册封高士廉的外甥长孙无忌为司空的时候，而高士廉是第一个站出来反对的。

高士廉说："我有幸能够与长孙无忌一起成为陛下的姻亲，而且我们现在也已经都身居高位了，如果陛下您再册封了我的外甥、您的妻兄为司空，那么恐怕天底下的人就会说您是任人唯亲，这样实在是不利于陛下您的名声啊！"

而长孙无忌更是极力推让，可是不管高士廉和长孙无忌如何推脱，唐太宗的态度都很是坚持，因为唐太宗认为长孙无忌不仅有才华，而且还有功劳，所以最后依旧册封他为司空，而且还因为高士廉的威望与才干，没过多久又提拔长孙无忌为尚书右仆射，同中书门下三品，官居宰相。

当高士廉官居宰相之后，家世变得更加显赫。而高士廉的祖父、父亲都是担任过宰相的。高士廉的儿子高履行担任户部尚书，而他的外甥任太尉，外甥女则是皇后，这样的满门荣耀在当时可以说是绝无仅有的。

但是，高士廉却没有表现出一点骄意，时时刻刻都非常谦虚谨慎，清正廉洁。高士廉一共有六个儿子，他分别给他们取名为履行、至行、纯行、真行、审行、慎行，其实寓意就是希望自己的子孙后代能够时刻谨慎行事，戒骄戒躁，有良好的品行。

有一天，唐太宗率军远征朝鲜半岛，命令皇太子监国，而高士廉则是太子太傅，可以说是后方的总指挥。每次遇到朝廷政事，高士廉就会与太子同坐一榻，任何政事都会非常认真仔细地进行参酌，提出建议，当然高士廉每次也都会征得太子的同意。

而且，每次高士廉本人有议案给太子的时候，也还是会在榻前恭恭敬敬地呈上，由于高士廉这样讲究礼节，结果让太子都有点心里不安了，因为高士廉毕竟要比太子长两辈，而且还是当朝元老，所以，太子打算给高士廉另安排一个座位，在议事的时候可以直接面对面地进行交流，而不必每次高士廉都是屈尊奉对。但是高士廉却是坚辞不允，一如

第九章 止——过犹不及，凡事适可而止

既往。

在高士廉当宰相的那一时期，正是唐朝蒸蒸日上、百姓安居乐业的时期。当时高士廉主要是负责朝廷的日常事务，特别是在官员的选拔以及任命的工作上，高士廉更是恪尽职守，为唐王朝的兴旺发达，长治久安耗尽了毕生的心血。

而等到了贞观十六年（公元642年），高士廉便主动请求辞官回家，颐享晚年。唐太宗同意了他的请求，可是最后还是依旧给他保留了宰相的称号，以表示对他的尊重，而到了第二年，唐太宗又下令将高士廉的画像放入凌烟阁永久保存。

我们看，高士廉身进而心退，这对于在官场当中，沉浮多年的人来说，真的不是一件容易做到的事情，而这也正是高士廉为什么能够身处风口浪尖，但是却不被吞噬的原因。

在极盛之时能够常怀退让之心，这样我们才能够保持谨慎和冷静，也才不会受制于人，最终全身而退。

既然我们知道物极必反这是规律，那么我们就应该懂得在极盛之时常怀退让之心，做到居安思危，全身而退，从而牢牢把握大势，抓住进退的时机。

赢在出路 »»»

真正聪明的人越是在极盛之时，越是怀有退让之心，只有这样，才能够保持谨慎和冷静，也才不至于受制于人，才能全身而退。换句话说，这样才能够防范未来的某种祸患。

恰到好处地把握做事分寸

不管是那些刚刚走出校门，踏入社会的大学生，还是进入社会多年，已经得到了很好历练的社会精英，只要是进入到了一个新的环境，就一定要保持谦逊而又踏实的心态，不要因为自己曾经在校的优秀表现，或者是熟知于某一行业的知识就变得骄傲自大，过于急切地表现自己。如果克服不了自己好出头的心理，那么很有可能就会早早地被淘汰掉。

电视剧《阿信的故事》的主要内容就是描述一位出身贫寒的日本女孩阿信，最初贫寒，之后经过自己的努力奋斗，终于出人头地，成为了当时日本著名百货连锁企业老板的传奇经历，而所有关于阿信的成功，自始至终都是聚焦在了阿信的做事与做人的分寸上。也正是这一点，在当时的人们看来，她真的是非常了不起的，因为在她的心中永远都清楚：自己应该做什么，什么时候去做最合适，她总是能够把握得恰到好处。

当初阿信从贫寒的家庭走了出来，她辛苦地为自己寻找任何一个可以工作的机会。最后终于在她的努力下，不知道自己给那家理发店的老板说了多少好话，才留在了那家小小的理发店里面做一些琐碎的事。可即使这样，在阿信的眼里，这也是一份来之不易的工作机会，她一直是认真对待的。在她心中最大的梦想就是希望自己能够一直留在这里，而且能够有口饭吃。所以，为了这个小小的梦想，阿信在店里总是最勤快的一个，而且她尽可能地努力做着。

每一天，阿信都是起得最早的一个，在大家还没有开工之前，她就

第九章　止——过犹不及，凡事适可而止

已经把地板清洗干净了，而且将店里所有的理发器具擦得干干净净。

在做完这些事情之后，天真的阿信以为这样就能够得到老板的认可，同事的喜欢。但是，让她万万没想到的是，正是因为自己的勤劳，居然引起了别人更大的反感。

原来她所做的这些事情当时是有专门的工作人员负责的，而阿信做了这些事情，那个工作人员很有可能就会被老板辞掉。

所以，她不仅没有换来大家的感激，反而受到了更多同事的刁难。之后，很多同事都对她非常不友好。直到这个时候，阿信才清楚地意识到自己竟然因为过分想要获得这份工作，反而在无意当中抢了别人的工作。

但是机灵聪慧的阿信经过了一段时间的观察，她终于在店里为自己找到了另外一份新的工作。而且这是店里从来都没有人做过的事情，其实就是为那些还在等候理发的客人添茶倒水，给理完发即将离去的顾客擦鞋。

就这样，阿信为自己在理发店积极努力地开拓新的工作领域，而她的这一举动不但赢得了老板的肯定与赞扬，同时也为理发店带来了更多同事与顾客。

把握好做事的分寸是非常重要的，这也是需要一定耐心的。这个度一定要把握得恰到好处，这当然不是容易的，而多一分就会让别人觉得这个人的为人处世有些浮躁，但是少了一分的话，又似乎过于低调，很难合群。

赢在出路 》》》

无论是生活，还是职场，我们每个人都需要培养自己这方面的处理能力，因为这里面暗藏玄机。积极、热情的做事态度是难能可贵的，也

是成就自我的必备条件。但是，在刚开始的时候，切记一定要把握好度，如果太过反而会给自己带来一些不必要的麻烦。

凡事适可而止，不要过分挑剔

"水至清则无鱼，人至察则无徒"，如果什么事情都看不惯，甚至连一个朋友都容不下，就会把自己同社会隔绝开。有句古话说："人非圣贤，孰能无过。"与人相处就应该互相谅解，适可而止，能够以"难得糊涂"进行自勉，求大同存小异，有肚量，能容人，那么你就会有许多的朋友。"明察秋毫"，眼睛里面容不得半粒沙子，过分挑剔，一点鸡毛蒜皮的小事都要论个是非曲直，得理不饶人，那么别人就会离你远远的，到了最后，你只能够是关起门来做"孤家寡人"，成为使人避之唯恐不及的异己之徒。

一般的镜子非常平，但是在高倍放大镜下，就成了凹凸不平的"山峦"；用肉眼看非常干净的东西，在拿到显微镜下之后，满目都是细菌。如果我们"戴"着放大镜、显微镜去生活，那么恐怕整天连饭都不愿意吃了。如果再用放大镜去看别人的毛病，那么恐怕那个人早就罪不容诛、无可救药了。

从古到今，凡是能够成就大事的人，都具有一种优秀的品质，那就是适可而止，能容人所不能容，忍人所不能忍，并且善于求大同存小异，懂得团结大多数人。而且，他们有着极大的胸怀，豁达而不拘小节，从大处着眼，而不会目光如豆，从来不会斤斤计较，纠缠于非原则的琐事，所以他们才能够成就大事、立大业，让自己成为一个有成就的人。

但是，想要真正做到能容人，也并不是一件简单的事情，需要具备良好的修养，需要有善解人意的性格特征，需要能够从对方的角度，设

第九章　止——过犹不及，凡事适可而止

身处地地去考虑和处理问题，让自己对别人多一些体谅和理解，那么自然对别人也就会多一些宽容，多一些和谐，多一些友谊。

有的时候想一想，天下的事也并不是都你一个人所能包揽的，何必因为一些小毛病便与别人生气呢？在有的时候，如果调换一下位置，也许你就能够理解别人的情绪了。

有一个人总是抱怨他家附近小商店卖东西的售货员态度不好，就好像是谁欠了她二吊钱似的。到了后来，他的妻子从侧面打听到了这位女售货员的身世。

原来，她因为自己的丈夫有了外遇就离婚了，老母亲瘫痪在床，上小学的女儿患了哮喘病，每个月只能够开二三百元工资，住在一间12平米的平房里面，难怪她一天到晚总是愁眉不展。在知道这件事情之后，他从此再也不计较她的态度了，甚至有的时候还想帮她一把，为她做些力所能及的事。

当我们在公共场所遇到一些不顺心的事情时，实在是没有必要生气。素不相识的人冒犯你也许是有别的原因，可能不知道哪一种烦心事让他这一天情绪恶劣，行为失控，结果正好被你给赶上了，我们就应该宽大为怀，不以为意，或以柔克刚，晓之以理。

总之，我们没有必要为原本无冤无仇的人大动肝火，凡是适可而止就好。如果真的较起真来，干起来，真的出现什么恶果，那就得不偿失了。

赢在出路 》》》

对方的触犯也许从某种程度上说是发泄和转嫁痛苦，虽然说我们没有分摊他痛苦的义务，但是在客观上确实帮助了他，无形当中做了一件善事。

今日的偏执，必定会造成明天的后悔

我们只有在不断的得与失当中，才会慢慢感觉到，生活当中其实并不需要我们有太多无谓的执著，因为真的没有什么是真的无法割舍的。

其实，任何事情都是有物极必反的倾向的，太多的执著就会给我们带来刻骨铭心的伤痛。

世事无常，没有人能够留住所有的事情。如果过于执著，等于就是在延续自己的痛苦。其实有的时候，你越是执著，反而越是痛苦。

曾经有一个女孩子失恋了，原来在几天之前，与她相恋了四年多的男朋友突然提出与她分手，当时，她想起了男朋友之前对自己的种种海誓山盟，而且男孩子还说过，要爱自己一辈子，陪自己一辈子。

甚至，她还想起了男朋友对自己曾经说过的那些甜言蜜语"宝贝，你是我的最爱，我就愿意被你欺负"等等，但是为什么这些都不能够经历了4年的考验，怎么会在一夜之间突然灰飞烟灭了呢？

就这样，女孩子每天以泪洗面，求男孩子不要离开自己。而她还给他打电话，可是他不接；给他发信息，他也不回复；结果最后，男孩子甚至悄悄地换了手机号码。

而女孩子则发疯一样四处去寻找他，这个时候才发现他早就辞职了，而且还搬了家，他的朋友也都不知道他的去向，男孩子好像突然从人间蒸发了。

女孩子在内心不甘心就这样失去他。于是整天没有心思工作，自己最后也干脆辞了职，放任自己在漫无边际的痛苦里游荡。

终于有一天，女孩子的一个好朋友说自己曾经在一家餐厅里见到她

第九章　止——过犹不及，凡事适可而止

的男友和另外一个女孩在一起，而且样子显得非常亲密。

女孩子听完这个消息之后，泪汹涌而出，过了好久才恨恨地说："我要找到他，我要报复他。"

就这样，女孩子开始抽烟、喝酒、乱交男友，但是她自己却并没有因为这样而获得快乐，相反，她让自己陷入愈来愈深的痛苦当中。

一个人失恋了，痛苦不堪，感觉没有了这个深爱的人，活着就没有任何意义了。别人劝她："好男人多得是，何必为他这样？"可是在她的心中却大叫："我只要他。"因为她认为，自己爱的就是他，而不是随便什么人。

其实我们可以认真地想一想，她在遇到他之前，是不是也曾经快乐地生活呢，觉得生活充满了阳光，可是为什么当失去他之后，她就会觉得生活毫无意义了呢？为什么现在的她只能够在他一个人的身上获得幸福和快乐，在别人的身上得不到呢？答案就是因为偏执。

正是因为她把心理上爱的能量投射到了一个人的身上，结果当这个人离开了她的时候，她却不能够马上把这个心理的能量转到别处。

执著有的时候就是一种痛苦。因为越是执著，你对于不幸的事情关注的就会越多，这样只会深化不幸的颜色。有的时候还不如学着放下，把痛苦尘封在过去的记忆里。

几年前，来自美洲的哈姆夫妇带着自己的两个儿子在意大利旅游，结果不幸遭遇到了一场意外车祸，7岁的长子尼古拉当场死于这场车祸。

当医生宣布孩子死亡之后的半个小时里，哈姆先生决定将儿子的器官捐出。尼古拉的脏器分别移植给了需要等待救治的6个意大利人：一个患先天性心脏畸形的14岁孩子，拥有了他的心脏；而一个19岁的生

命垂危的少女，获得了尼古拉的肝；而他的一对肾分别让两个患有先天性肾功能不全的孩子有了活下去的希望；还有两个意大利人借助尼古拉的眼角膜得以重见光明。甚至就连尼古拉的胰腺，也被用于治疗糖尿病……

哈姆先生说："我并不恨这个国家，更不恨意大利人。我只是希望他们知道我们做了些什么。"虽然，哈姆的嘴角掩饰不住自己悲伤，但是他的面容却是那么的坚定而安详。

正确地面对痛苦这虽然不是一件做起来很容易的事情，但是我们如果不去控制它，那么它就会反过来控制我们。如果我们对痛苦的执著心过强，那么对待痛苦的忍耐能力就会变弱，之后会不停地抱怨别人、埋怨自己，让自己受的伤害越来越多。

赢在出路 》》》

过度的执著会将我们引向固执的孤岛，适时的放弃才有可能找到一条通往成功的曲折的小径。假如我们自我救助得及时，那么当我们放弃执著时，说不定还会有翻天覆地的那一天。

第十章
变——改变自己，自然会适应环境

　　这个世界上没有办不成的事，只有不知道变通办事的人。成功的机会对于我们每个人都是均等的，要想顺利成事，获得成功的青睐，就需要我们深谙做事、做人之道。做人有学问，其中最大的学问就是懂变通，学会了变通，你就能够在事业、生活上面胜人一筹。而有的人之所以能够成功，就因为他们懂得了变通之道。

变则通，通则久

在生活当中，人们难免会出现思维定式，但是，思维定势对我们认识周围的事物并不是有利的，它会僵化我们的思维，从而扼杀我们的创意。

在这个时候，我们就需要学会去变换原来的思路。当你转换了思路去面对生活的时候，那么你就会发现，自己的思维定式其实在不知不觉当中就被化解了，新意此时也涌上了你的心头，而你所面临的困难也就会出现转机。

在20世纪30年代初，美国遭遇到了历史上最严重的一次经济危机。当时，银行关门、企业倒闭、工人失业，美国的经济陷入到了瘫痪当中。而此时想要找到一份工作更不是容易的事情了。

当时，一位年轻的姑娘花费了好几个月的时间，终于找到了一份工作——在一个珠宝店当售货员。在圣诞节前夕，珠宝店里面来了一位年轻的男顾客，这位顾客穿得干净整齐，一看就是一个非常有修养的人。但是从他忧郁表情可以看出，这次经济危机，给他的事业也带来了沉重的打击，可以说，他正承受着事业失败所带来的不幸。

而这个时候，已经到了下班的时间，顾客们都相继离去，其他的店员也刚刚走了。店里就只剩下了这位年轻的姑娘一个人。

"欢迎光临。"姑娘微笑着对那位男顾客说。这个时候那位男子很不自然地笑了一下，目光就赶紧从年轻姑娘的脸上移开了，好像是在说："我只是随便看看而已，你可以不理我。"此时，电话响了起来。这位姑娘准备去接电话的时候，结果一不留心将柜台上的一个盘子给打

第十章 变——改变自己，自然会适应环境

翻了。

而在这个盘子里放着5颗闪闪发亮的宝石。于是，姑娘急忙弯腰去捡。原本盘子里面有5颗宝石，可是她在地上找来找去只找到了4颗。姑娘正在纳闷呢，她抬头向周围一看，发现刚才那位男子正在向店门口走去。

这个时候，女孩子想到第五颗宝石在哪里了。就在那位男子刚打开门的时候，年轻的姑娘柔声叫道："对不起，先生。"那位男子转过身来，两个人目光对视，但是谁也没有说话。年轻的姑娘这时候开始害怕了：要是这个人拒不承认怎么办？要是他动粗怎么办呢？"怎么了？"最后还是男子先开了口。

此时，年轻姑娘竭力控制自己的紧张心情，她鼓起勇气对那位男子说："先生，这是我的第一份工作，现在找个工作是非常不容易的，我想您也深有体会吧？"

"是的！确实是这样。"他回答，"但是我可以肯定，你在这里将会干得不错。"说完，男子向前走了一步，把手伸给她，"谢谢！"年轻的姑娘也伸出了手，两只手紧紧地握在一起。

这个时候，年轻的姑娘感觉到，那颗宝石正好就在自己的手心里。随后，男子缓缓离开，消失在了暮色当中。年轻的姑娘看着这个逐渐消失的背影，把手中的第5颗宝石放回到了盘子里……

其实这个故事告诉我们，生活当中遭遇到的困难只要稍微转换一下思路，能够以自己的真诚和爱心去对待困难，那么就能够得到美好的回报。

故事当中的这位年轻姑娘，就是成功地改变老思路，从而打动了男子的心，也让他改变了自己当初不正当的行为。

可见，当我们受到别人伤害的时候，要是能够做到不从原来的老思

205

路去想，而是依然真诚地为对方考虑，多去想一想他们的需求和感受，也许，这个时候让我们意想不到的回报就有可能悄悄地降临到我们的身上。

改变了自己的思路，我们将会拥有一个全新的世界。平时，我们可以选择一些自己喜欢的项目多去参加健身活动，或者是坚持长期晨跑，在运动当中改变自己的思路；节假日，我们也可以选择离开闹市，多去亲近大自然，感触大自然，让自己享受阳光，热爱生活。其实，这样的方式也能够改变我们墨守在成规当中的思维，能够让自己的思维活跃起来，从而改变原来的老想法、老方式，最后找到新的思考方法。

俗话说："人生不如意十八九。"就好像是山一样，有高峰，那么必然也会有低谷。当我们走到人生低谷的时候，千万不可以自卑，更不要抱有破罐子破摔的态度。这个时候，我们不妨改变一下自己的思路，可以这样去想：正是由于人生当中存在不少失败，所以才需要我们付出百倍的努力，我们才要把握现在，珍惜拥有。即使我们的努力暂时没有取得成功，但是这次经历就是我们人生成长道路上的一笔财富，是值得的。

赢在出路 》》》

当身边的事物的某个方面，或者是某种情况对我们不利的时候，不妨改变一下原来的想法，也许这个时候就有可能发现它对我们有利的一面。我们在处理事情和解决问题的时候也是一样，如果总是按照原来的思路和方法去思考，那么我们就可能找不到突破口，而当我们把原来的老一套抛弃之后，我们就会发现，其实这个问题并不难解决。

第十章 变——改变自己，自然会适应环境

换一个角度来看待问题

不久前，有一个小女孩生病了在医院接受治疗。小女孩所在的病房里面有几扇窗户都是可以看见外面风景的。

有一天，她走到了一个窗前，推开窗户，看见外面的一切都是那样的凄凉，光秃秃的石头山上居然看不见一丝的绿色，而眼睛所到之处，除了延绵不断的秃山和一条即将干涸的臭水河之外，再也没有其他的什么东西了。

这个时候小女孩不禁伤心地哭了起来。此时，外公过来告诉她，孩子，你为什么不去其他的窗户看看呢？小女孩听了外公的话，就去了另外一扇窗户前。

结果，她看到了一番截然不同的景象：窗外的花园里，鲜花一朵朵争芳斗艳，而且还有一群小蜜蜂正在欢快地飞舞，在花园旁边还有戏耍的小朋友，以及正在拍照留念的人们，除此之外，不时还有来来往往散步的叔叔阿姨。看到了这一切，小女孩开心地笑了。外公说，孩子，其实刚才你只是开错了窗户。

这个故事告诉我们，要换个角度看问题。在生活当中，换个角度，我们得到的结论可能就会像故事当中小女孩样从第二扇窗户看到的完全不同的景象。

有一个旅行社组团旅游，他们要去的地方路况很差，整个路面都是坑坑洼洼的，车在上面不停地颠簸。游客可谓是怨声四起，而一位导游也抱歉地说这路也太差了。可是另一位导游却说得很有诗意："大家看；

207

咱们现在正在通过的这个景点就是颇具特色的迷人酒窝大道。"

"酒窝大道",这是多么迷人的名字,相信任何一位游客听到这个名字,那么心中的阴霾一定会一扫而空的。

换一个角度思考问题,我们就可以发现孩子纯真美好的心灵,而善良正是在这一个个幼小的心中萌发出来的。

这是一堂别具趣味的数学课。这一天,老师刚刚走进教室,就用黑笔在一块小白板上画了一个圆点。

然后老师问学生:"大家看这是什么?"

同学们回答说:"一个黑点。"

老师接着又问:"同学们,你们难道就仅仅看到了一个黑点吗?这块白板你们难道就没有看见吗?"

其实这位老师想告诉大家的是,这个黑点就好像人身上的缺点,在这个世界上没有十全十美的人。但是当我们和别人相处的时候,都会注意别人身上的"黑点"。而要全面地看别人,就不能够因为这个黑点而忽视了他所拥有的白板,也不要因为他的某一个缺点而覆盖了他所有的优点。我们一定要多去看到别人的长处,这样我们才会发现在自己的身边有很多优秀的人值得我们去学习。

聪明的你肯定会发现,换一个角度进行思考,我们就会看到积极的一面,即使遇到挫折和困难,也能够坚信自己能掌控命运;相反,大多人看到的只是自己的不足和事物消极的一面,而遇到了挫折和困难就责怪自己,这样就比较容易让我们失去信心,更容易放弃。

曾经有这么两个人,他们对生活的态度截然相反,其中一个是乐观

第十章 变——改变自己,自然会适应环境

主义者,而另一个是悲观主义者。

有一天,有人问他们:你们觉得希望是什么?乐观者说:希望就是启明星,能够告诉我们光明就在前头。悲观者说:希望是地平线,就算你能够看到,那也永远都走不到,总是会虚无缥缈。

之后接着问,那你们说说:"风是什么?"乐观者说:"风是帆的伙伴,能够把人送到成功的彼岸。"悲观者说:"风是浪的主宰,可以把船掀翻,把人埋没。"

请你们接下来继续回答:"你们认为生命是花儿吗?"乐观者说:"是的,因为它能够结出香甜而可口的果实。"悲观者则说:"就算是又能怎么样呢?到了凋谢的那一天,不照样也是一无所有吗?"

"那你们认为,如果顺着一条路一直走下去,会出现什么样的情况?"乐观者说:"一定会越走越开阔,越走越顺心。"悲观者说:"一定会越走路越窄,越走越灰心。"

我们看,同样的问题,得到的却是截然相反的答案。他们的生活态度居然有如此之大的差别,事实证明他们的人生也是必然不同——乐观者最后开了自己的公司,成为了赫赫有名的企业家,但是悲观者却一事无成,不得不去街上乞讨。

赢在出路 》》》

生命其实就是一连串的选择!对于我们每个人来说,可以有两种选择:享受它或者是憎恨它。而这完全是属于我们自己的权利。没有人能够控制或者夺去的东西就是我们对生活的态度。

换一种思路打通成功之路

俗话说:"有思路就有机会。"一个企业有没有好的发展战略,就决定了它能否取得巨大的发展。在生活当中,我们要学会打开自己的思路,千万不要放过任何一个新奇的念头。因为我们的大脑时时刻刻都在运转,而在脑海当中每天都会有不同的想法和念头闪现,但是绝大多数人并没有重视它,也没有想到要将这些念头付诸行动,最后只是让它一想而过。

其实,在这些念头当中可能就蕴藏着良好的商机。成功的人和失败的人就只有这么一点的差距,成功的人能够抓住这些念头,即使它还不完善,还不能成为体系,但是这也是我们所想到的。

所以,人们常说:"智慧创造成功,思路决定机会。"思路的力量是巨大的。一个好的思路可以助我们一臂之力,更容易让我们成功;而一个不好的甚至是坏思路,有可能把我们推向深谷。

曾经有两个推销员同时去考察非洲的市场,而他们所要推销的产品就是运动鞋。到非洲的一个地方之后,他们发现,这里的人向来都是打赤脚,根本就不会穿鞋。这个时候,其中一个推销员非常失望,他认为,他们都习惯不穿鞋,那么怎么还会要我的鞋呢?就这样,他对这里的市场失去了信心,于是准备起程回国。

但是,另一个推销员则认为:正是因为他们没有穿鞋,所以我的鞋存在很大的市场。于是,他就给当地的民众进行宣传和讲解穿鞋的好处,逐渐地打开了市场,获得了巨大的成功。

第十章 变——改变自己，自然会适应环境

面对同样的市场，同样的人群，一个人因此而灰心失望，不战而败；但是另一个人却充满了信心，获得成功，这其实就是思路产生的巨大差别。

就好像是在生活当中，面对同样一个问题，有的人能够创造出奇迹，但是有的人却是茫然若失；同样是一条路，有的人看到的是光明和希望，而另外的一些人看到的却是黑暗和绝望。同样的一个事情，看问题的方法不同，自然结果也就不同，这就是人与人之间的差异。

那么，人与人之间的差异到底是怎样出现的呢？专家研究表明，事业取得巨大成功的人，不管是生物学家，还是物理学家，他们都有一个共同的成功之道——思想先行。

"千里之行始于足下"，让我们的思想先行一步，敞开视野，打开思维，为我们的人生构思吧！我们的心念及其强弱，是我们成与败的风向标。

在这个世界上并没有走不通的路，只要换一种思路，也许我们就能够看见启明星。说到底还是那句话："思路决定出路。"打开了我们的思路，也就等于是打开了我们的出路，打开了我们的成功之路。

1952年，日本东芝电器公司积压了一大批电扇销售不出去。因此公司上下集体开大会，好找七万多职工为打开销路想办法，尽管大家提出各种方案，但销售情况仍然不乐观，最后公司的董事长石坂先生宣布，谁能够让公司走出库存挤压过多的困境，他就把公司百分之十的股份让给他。

这时，一个最基层的小职员向石坂先生提出这样一个建议，为什么我们的电扇不可以是其他颜色的呢？为什么就一定要用黑色呢？这个问题引起了公司的高度重视，石坂先生还特别为这个小职员的建议召开了董事会，最后经过研究公司采用了这个小职员的建议，将电扇染成了各

种各样的颜色。于是在第二年的夏天，东芝公司就推出了一系列的彩色电扇，没想到这种电扇一经推出立刻在市场上掀起了一阵抢购热潮，几个月之内电扇就卖出了几十万台，从此以后，在世界的任何一个地方，电扇都不是一副黑色面孔了。颜色一变，使东芝公司大量积压滞销的电扇一下子就成了抢手货。企业也一下子就摆脱了困境，效益更是成倍的增长起来。

改变颜色这一设想仅仅是变换了一种思维模式，它并不需要有什么专业知识，也不需要有什么丰富的商业经验，为什么东芝公司的几万名职工没有想到？为什么日本以外其他国家的成千上万的电器公司的设计人员都没有人想到呢？主要原因在于长时间以来电扇就应该是黑色这种观念一经成为一种固有思维模式深入人心，尽管没有一部法律规定电扇必须是黑色的，但在大部分人意识里从来就没有想象过彩色电风扇会是个什么样子。然而这位小职员却冲破这种思维定势所束缚，大胆地提出："电扇为什么不能是彩色的呢？"从而使我们的生活变得更多姿多彩，电扇也开始了有了其他的色彩。由此看来成功有时候离我们并不遥远，或许转换一下思路，不要受到固有模式的束缚，你就可以很快找到它。

赢在出路 》》》

思路越通透，成功越接近。一个人对生活中的事，要是连想都不敢想，做都不敢做，就更谈不上想别人未曾想，做别人未曾做了。因此，在生活当中，一个人思路的新颖和独特，都是值得细细品味的。

第十章 变——改变自己，自然会适应环境

让自己像水一样地生活

我们翻开《柏拉图对话集》，就会发现加里克莱在里面说道："过分的超脱有害无益，劝人不可以迷信超脱而越过有益与无益的界限。"其实这句话也是在告诉我们，过度的超脱显然是没有必要的，只有适度的超脱这才是我们每个人都应该去做的。

如果我们每天仅仅是为了能够吃饱肚子，那么这样的人生，这样的生活有什么意义呢？

生活当中大多数的高人雅士总是会有一些自我的小脾气，他们和普通人不太一样，但是这样的人恰恰就是在适当超脱地生活着，他们不会去理会一些所谓的世俗观念，所以我们不能不说这才是人生的一大境界。

当下一位世界级的歌手 Lady GaGa 以其惊人的装扮，耀眼的歌喉充斥着别人的视觉，听觉以及整个对待人生，对待社会的思维观念。她每一次出场，装扮都会给人一种极为颠覆的感觉。她经常被别人称作是狂人，异类，可是她自己却并不将这一期挂在心上。用她的话来说："不管别人怎么看待我，我就是我自己。"

作为时尚人物一般都有着相当高的心理素质，即便是衣着任卫或是外太空的装扮也都可以安之若素。而 Lady GaGa 式的混搭，更可谓是变本加厉，在 2010 年她的打扮可以说叫全世界的听众都目瞪口呆，就连新鲜的牛肉也被当做肉片装穿在了她的身上。这次她的打扮连她老爸都看不过眼，在各种公开场合表示极为不解。不过即便如此也丝毫没有妨碍她的衣着决定，冷幽默的她甚至说，"他其实根本不理解我，我这样

做都是为了我祖母。她老人家年纪大，眼睛不好，只有穿成这样她才能认出我。"杜莎蜡像馆正在灌制她的体模，女明星们一边酸溜溜诋毁，一边又暗地里对她表示崇拜和嫉妒。她登上的时尚杂志封面甚至比音乐杂志还要多，她说，"对此我很感激，也有自信把现场演出做成真正的艺术秀给你们看。"

她说"我是很了解时尚的，当我写歌的时候，我首先考虑我要在舞台上穿什么样的衣服。结合在一起是很重要的－表演艺术，流行表演艺术，时尚。对于我，这一切结合在一起成为一个真正吸引人的故事。我希望他很吸引人。我希望图像可以非常强大以致于歌迷们会想要尝试而且喜欢我们的每个部份"。当 Lady GaGa 成名以后，她的穿着打扮更是曾为她备受瞩目的焦点，她常以各种怪异的时尚搭配出现在世人面前。尽管其间她饱受非议，但 Lady GaGa 本人表示"我不在乎别人喜不喜欢我这样穿，因为这就是我"。

人生最终要的事就是在上帝的眷顾下快乐的活着，假如一味的要去琢磨别人会怎么看待自己，那么这一辈子自己只能是个平庸之辈。人生短暂，试想当我们即将离去之时，回味往昔却发现自己根本没有按照自己想象的样子好好活过一天，会不会觉得自己是虚度一生了呢？真正的成功不在于你为别人创造了多少价值，不在于财富也不在于地位，而在于你一生做的快乐的事多余你不快乐的事，想做的事多于你不想做的事。真正的生活就是让自己像水一样活着，不管别人怎么说，不管周边的环境怎么变化，仍然无法阻碍一个人心如止水的心境，也无法阻挡他用心的去经营探寻自己想要的生活。一个人的执着莫过于此，即便世间有太多的浮云，只要此生从头到尾你得到的都是自己想得到的东西就应该为自己的了不起而自豪兴奋。

我们人类对于这一世界的认识，永远都是站在主观的角度，而一些

第十章　变——改变自己,自然会适应环境

所谓的客观认识,和主观认识相比,仅仅是一种极小的概率而已,客观只不过是主观的一种概率。当你站在历史之外,就可以肯定,有一些事情显然是会发生的。

可以说这是因为知觉,也可以说这是因为感受。有句古话说得好:"荃者所以在鱼,得鱼而忘荃;言者所以在意,得意而忘言。"其实就是在告诉我们,一定要相信自己,根本没有必要与别人斤斤计较,反而应该坦然地寻求思想上的自由。当然,并不是只有隐居山林、远离尘世才可以证明你有适当的超脱,在很多情况下,我们完全可以通过舍弃获得超脱。

2000年12月17日,在英国的曼彻斯特城,英格兰足球超级联赛第18轮的一场比赛正在西汉姆联队与埃弗顿队之间紧张地进行着。比赛还有一分钟就要结束了,可是这个时候场上的比分还是一比一。

而就在这个时候,埃弗顿队的守门员杰拉德在扑救一个射门的时候,不小心扭伤了自己的小腿,而此时的足球已经传到了潜伏在禁区里面的西汉姆联队球员迪卡尼奥脚。

此时看台上,原本沸腾的球迷顿时安静下来,所有的人都在静静地等待,大家都注视着迪卡尼奥。而迪卡尼奥距离球门只有不到12米的距离,可以说不需要什么射门技巧,只需要用脚发出一点点力量就能够把足球轻而易举地踢进没有了守门员的球门当中。而那样的话,西汉姆联队就将以2:1获得胜利。

那么这样一来,在积分榜上,他们也能够因为这场比赛的胜利而增加两分,而在此之前,埃弗顿队已经是连败了两轮,而这样的一个进球,无疑将宣告埃弗顿队"三连败"的到来。

可是,迪卡尼奥在全场几万球迷的注视之下,他并没有把这个球踢进球门,而是弯下腰,把足球稳稳地抱在了怀中……

当时，全场的观众因为迪卡尼奥的举动出现了片刻的沉寂，但是几秒钟之后就出现了雷鸣般的掌声。全场数万球迷全部站起来为迪卡尼奥鼓掌，大家把赞美的掌声奉献给了放弃射门的迪卡尼奥。

而迪卡尼奥放弃射门的这一举动，可以说对于任何一个希望获得最后胜利的球员来说，都是一种莫大的舍弃，但是这也意味着是一种原则，一种大道，一种自信，一旦能够坚持下来，那么也就等于是适度的超脱。

超脱，就好像是水一样，这也是一种选择。比如，当我们面对一道复杂的数学题时，你必须要学会放弃，放弃那些错误的思路；在人生前进的道路上，当你走到了人生的十字路口之处，你就需要进行选择，而选择就意味着你必须放弃那些不适合你的认识路线；当你面对失败的时候，你为了战胜失败，那么就必须要放弃懦弱；而当你面对成功的时候，你则必须学会放弃骄傲，等等。这些其实都是一种超脱精神，而这种超脱精神比你得到任何事物都重要。

可是，在现实生活中，往往有不少人盲目地认为，一个人想要成为一名高人雅士，首先就需要学其异人品性与举止，学其皮毛并夸大，而且他们还错误地把自以为是宝贵的精髓，到头来却不知道，这些都是只是舍本求末，形而上学，并没有得到真正的精髓。

赢在出路 》》》

伟人也好，普通人也好，我们的所作所为，都需要有一定的原则标准，不得逾越。我们为人处世，更应该是行自己之路，有自我之格，定自善之准，坚持下去，那么适度的超脱便也是自然而然的了。

第十章 变——改变自己，自然会适应环境

为远大理想忍得一时之屈

在现实生活中，很多人会碰到一些不近人情的事情，而残酷的现实需要你对人俯首听命，这时，你只能无奈地选择面对。但是你也应该明白，胳膊拧不过大腿，硬要拿着鸡蛋去与石头碰，只能是无谓地牺牲。所以我们不妨拿出一块儿心地，单放那些不平之事，闭起双眼，全当它们不存在。

贵州有一个知名的酒厂，新聘来两个调酒师王明和马华。王明的舅舅是厂里的财务部主管，靠关系进来的，而马华却是靠真本事进厂的。

厂长决定在年底举行调酒技术比赛，胜者就成为酒厂技术部的主管。

王明接到通知后，并不是潜心钻研调酒技术，而是上下疏通关系、找门路。于是，王明又找到舅舅，让舅舅帮他想办法。他舅舅就派人在马华的调酒器皿上抹上了苦瓜汁。

到了比赛的那天，马华所调制的酒中苦味太浓，被淘汰了。而王明的酒却入口绵甜，清冽香浓。所以，王明成了技术部主管。

当马华知道自己的失败是王明和他的舅舅搞的鬼以后，十分气愤，但他忍气吞声、隐忍不发，终日里闷头研究调制技术。

有一次，王明被派到省里参加调酒大赛。他技术上根本不过关，也肯定不能为酒厂争得荣誉，厂长没有办法，只能把马华派去。由于马华整天钻研，所以他调制出来的酒得到了在场专家的高度评价，获得了最高奖项。

回来后，厂长就把王明撤职了，并弄明白了当初厂里比赛的真相，

也撤了王明舅舅财务部主管的职务，让马华负责全厂的制酒技术。两年后，马华被调任副总经理一职。

可见，大丈夫能屈能伸，"屈"也只是暂时的，暂时的忍辱负重是为了以后的事业和理想。不能忍一时之屈，我们的抱负就得不到施展。这就像运动员跳远一样，屈腿是为了积蓄力量，然后跃起，从而跳得更远。所以，要学水的柔软，又何必在意一时之气呢？

赢在出路 》》》

判断一件事情是否值得做，做的是否有意义，是否正确等等，我们都必须考虑时间的长短，是符合长远利益（高瞻远瞩），还是仅仅符合短期利益（鼠目寸光）。如果符合长远利益，那低下你高贵的头颅就是明智之举。

打破进退的思维定式

人们决定进退的过程实际上就是建立和突破思维定式的过程。当我们面对相似的一些事物和状态的时候，就会在大脑当中形成了某种固定的联系，然后就会根据这些思维定式而做出决断。

进退的历史其实就是无数定式的建立与突破的历史。在我们的一生当中，其实就是在这种思维定式的建立与突破当中度过的。要想跨出新的一步或者往后退让的时候，就需要突破某种思维定式，并且建立新的思维定式。而在局势发生改变之后，我们就必须突破原有的思维定式，只有这样才能够不断突破自己。

因为人的思维定式一旦形成，就会习惯性地顺它思考问题。在很多

第十章 变——改变自己，自然会适应环境

时候不愿意，也不会转个方向、换个角度想问题，这其实就是很多人的"难治之症"。这样不合时宜的思维定式就会让我们进退两难。

在泰国，驯象人在大象很小的时候，就用一条铁链将它们拴在水泥柱上，无论小象怎么挣扎都无法挣脱。就这样，在小象的脑海里面已经认为不管自己怎么用力也是不能够折断水泥柱子的，于是小象就不再挣扎了。

等到小象长成了大象之后，在小象的脑袋当中还是一样认为："不管自己怎么努力也挣脱不了绳子。"在这个时候，实际上大象完全能够轻而易举地挣脱链子，但是它们从来不会这么想。

所以，一截细细的链子，居然就能够拴住一头数千斤重的大象。

其实，并不是链子锁住了大象，而是思维定式。如果被思维定式限制了自己，就会失去理智的判断。思维定式有的时候其实就是一个假相，掩盖了事实真相。被假相蒙蔽之后，怎么能够做出正确的判断？

比如人们看魔术表演，并不是魔术师有什么特别高明之处，而是因为我们大家的思维过于因袭习惯之势，想不开，想不通，所以就上当了。

比如人从扎紧的袋里奇迹般地出来了，我们总是习惯于想他怎么能够从布袋扎紧的上端出来，而不会去想想布袋下面其实可以做文章，下面也可以装拉链。

习惯性思维也是非常顽固的，要经过一段时间才能够慢慢改变。如果在进退当中习惯思维固化为思维定式，那么后果就更为可怕。有的人生性就非常倔强，爱认死理，一旦形成某种思维模式之后，很容易一条道走到黑。

对进退的判断容易先入为主，想当然地得出结论，即使是南辕北

辙，也会坚持到底，不撞南墙不回头。

如果我们偏执地认定某种局势，就可以找出许多令人信服的依据。然而这样的判断有的时候并不正确。我们每个人都可能形成习惯思维，但是习惯思维表现的强弱则与人的个性有很大关系。

成功学大师拿破仑·希尔曾经说过："我们每个人都受到思维定式的束缚，定式是由一再重复的思想和行为所形成的。"所以，思维定式是无法避免的，但是我们可以突破它，而且我们每个人都可以做到。

在人生的旅途当中，我们总是经年累月地按照一种既定的模式来行进，从来没有尝试过走别的路，这样就容易产生消极厌世、疲沓乏味之感。

所以，不换思路，生活显然就会乏味。很多人走不出思维定式，因此，他们走不出宿命般的可悲结局；而一旦走出了思维定式，也许可以看到许多别样的人生风景，甚至可以创造出新的奇迹。

赢在出路 》》》

我们的一生就是在这种思维定式的建立与突破当中度过的。尝试走别的路就可以看到许多别样的人生风景，甚至可以创造出新的奇迹。

改变自己，适应环境

其实，我们每个人从出生之日起，就已经开始学会了慢慢适应一切，而成长当中的每一次进步也几乎都是通过"适应"来获得的。从古至今，"适者生存"一直都是亘古不变的道理，而不能够适应环境的人，必然会被社会所淘汰。

现如今，有很多刚刚进入社会的年轻人，正是因为不明白这个道

第十章 变——改变自己，自然会适应环境

理，导致在为人处世的过程中出现事事不顺、时时受阻、处处碰壁的情况。

张曙明在一所名牌大学学习的是美术设计专业，由于成绩突出而受到了多个导师的青睐。但是当他在大学毕业之后，可能在心理上的满足感从来没有消失，所以，他一直都希望自己能够进入到一个广告公司工作。

虽然在此之前有不少公司打来电话，但是却都被张曙明一一拒绝了。就这样，在漫长的等待了一个月后，他终于被一家广告公司所聘请。

上班的第一天，当经理找张曙明谈话的时候，他说的第一句话便是要求"专业对口"，并且还特别提醒经理一定要"充分注意到我的特长"。

而且张曙明还反复说明只有让他到广告设计部门去工作，才能够真正发挥自己的价值。可是，经理却并没有因为张曙明的强调和解释而改变想法，最后还是安排他到了文案策划部门去工作。

就这样，张曙明非常不高兴，因为自己曾经如此要求，但是居然还被拒绝，自己这样的人才也是大材小用。所以，他就带着这种不良情绪，进入了策划部。

由于逆反心理，他工作起来非常不积极，并且还给部门经理留下了很不好的印象。没过完试用期，张曙明就离职了。

俗话说得好："如果你不能改变环境，那就学着改变自己。"社会就好像是一架机器，未来与现实就好像是一对咬合的齿轮，自始至终都是紧密联系在一起的。现在看来，任何人要想顺利地适应快速变迁的社会，只能够从自身开始做起。只有随时调整和改变自己，才能够与社会

保持脚步的一致。而我们只有与时俱进，不断地学习适应，就好像是不断地向齿轮加油，这样才有利于这两个齿轮之间减少摩擦、协调运转。比如，现如今电脑已经成为了各个领域的重要工具，我们就必须学习和掌握相关的知识，做到更好、更快、更简洁地工作、学习与交流，从而更好地融入社会。

一项毕业生的调查报告显示，每年走上工作岗位的大中专毕业生当中，有超过一半会出现"社会不适症"。尽管他们大多数人都对未来充满跃跃欲试、展翅高飞的决心和理想，可是由于生存环境的改变，角色转移不到位，这些社会新人往往备感紧张，对工作非常失望，工作经常半途而废。

现如今，"适应"更是"超越"一切的前提。因为你没有模仿，就无法创新；没有适应，那么就更谈不上超越了。所以只有当你足够了解了周围的环境，这样你才能够"以不变应万变"。

当然，在我们踏入社会之后，由于之前自己的感知与现实之间的无奈的差距，必然就会导致对社会的误解。如果你始终保持一种强硬的态度，你就会因此而付出很大的代价。社会在有的时候就好像是一个不倒翁，而你越是想着让它朝着你的方向倒，它反而会朝着相反的方向摆动。

赢在出路 》》》

年轻人一定要学会去适应这个变化极快的社会环境。也只有当你学会承受一切不可逆转的事实，对于必然的事情学会主动而轻松地承受，并且不管任何时候你都能够做到时，才能在面对变幻莫测的社会时保持"处变不惊"。

调整心态，牢牢抓住命运

我们每个人的人生到底快乐不快乐呢？这完全取决于自己的心理状态。换句话说，播下一种心态，收获的就是一种命运。

如果你能够在挫折面前多坚持一步路，多坚持一分钟，那么也许你就会发现自己已经成功站在了胜利大门的前面了。

在我们的人生旅途过程中，我们难免会遇到各种各样的问题，自然也会遇到一些不称心的人，或者是不如意的事情，而在这个时候，我们到底应该以什么样的心态来面对这一切呢？其实，在这个时候，如果你有既快乐而又有自信的好习惯，那么结果往往是出人意料的。

哈里曼是一个饭店的总经理，但是他每天的心情都是非常好的。当有人问他最近情况如何的时候，他总是问答："我快乐无比。"

假如哈里曼发现哪一位同事心情不好，那么他就会告诉对方应该如何去正面而乐观看待问题。

哈里曼说："每天早上，我一觉醒来就会对自己说，哈里曼，你今天有两种选择，你可以选择心情愉快，你也可以选择心情不好，但是你一定要选择心情愉快。在每一次有不好的事情发生时，我既可以选择成为一个受害者，当然也可以选择从中学到哪些东西，我选择后者。人生就是选择，你选择如何应该去面对各种环境。那么归根结底，你就会明白自己如何去面对人生。"

结果有一天，他忘记了关后门，就这样被三个持枪的歹徒劫持了，而且凶残的歹徒还朝他开了枪。

但是非常幸运的是，由于人们发现的时间较早，哈里曼被送进了急诊室。最后经过医生18个小时的抢救和几个星期的精心治疗，哈里曼康复出院了，但是仍然有一小部分的弹片留在他的体内。

而在几个月之后，有一位朋友来拜访他，并且询问他近况如何，他依旧回答说："我快乐无比，你想不想看看我的伤疤？"

结果这位朋友看完了哈里曼的伤疤之后，问当时他想了些什么。哈里曼答道："当我躺在地上的时候，我对自己说有两个选择：一是死，一是活，我选择了活。医护人员他们都是非常好的人，他们也认为我会好的。但是在他们把我推进急诊室之后，我能够从他们的眼中看到了'他是个死人'。这个时候我知道我需要采取一些行动。"

"你采取了什么行动？"

哈里曼说："当时有个护士大声问我有没有对什么东西过敏。我马上答，有的。这时，所有的医生、护士都停下来等我说下去。我深深吸了一口气，然后大声吼道：'子弹。'结果就这样，在一片笑声当中，我又说道：'请把我当活人来医，而不是死人。'"

就这样，哈里曼最后活了下来。

拿破仑·希尔曾经说过，在每个人的身上有一个看不见的法宝，而这个法宝的一边装着四个字：积极心态。它是获得财富、成功、幸福和健康的力量。而另一方面装着四个字：消极心态。他则是剥夺一切让你生活有意义的东西。

在我们每个人的人生当中充满了选择，而生活的态度就是一切。你用什么样的态度对待你的人生，那么生活也就会以什么样的态度来对待你。你消极，那你的生活就会变得很黯淡；可是你积极向上，那么你的生活就会给你许多的快乐，你也能够更快地摆脱困境。

那么，如何才能够让自己变成一个真正快乐的人，这其实是一门高深而复杂的学问。单单叫你快乐，叫你微笑，这些其实并没有多大的作用。

如果你是一个非常不幸的人,那么你看不见自己的前途,你对人类的善良和美好失去信心,这个时候你就会觉得自己很委靡、卑微、无聊而又堕落。当然,也许你可能会笑,但是你笑出来的时候,你也是不快乐的,至少你的笑是不能够让别人觉得快乐的。

只有正确地对待生活,并且保持积极乐观的心态才能够克服各种困难,从而快乐地生活。想要拥有正确乐观的心态,还是要对自己的未来负责,给自己一些压力,以求发展。生活本来就没有什么非常的手段,如果一个人有了强大的"实力",那么他的选择和发展的机会也就会大大地增加。那样你的生活当中自然就会少一分忧愁,多一分快乐。

赢在出路 》》》

乐观其实就是我们心中的太阳。面对苦难和挫折,当你只要抬起头来,笑对它,相信"这一切都会过去,今后会好起来的"。

希望是不幸者的第二灵魂。向往美好的未来,这其实是在最困难的时候,对我们每一个人最好的自我安慰。在多难而漫长的人生道路上,我们要学会调整心态,保持健康乐观的心态和绚烂的笑容。

想要成功,先从变通中改变自己

"无规矩不成方圆"这在几何图形中是能够很清楚地看到直观效果图。一旦到了为人处世的时候,讲究的就是做人的原则性问题。每个人都有自己做人做事的方式方法,当然,不同的人也会有自己不同的特点。

在社会中,无论从事哪个行业干什么,不管负责哪个岗位,都一定要有自己的原则、自己的立场。大事方面应该尽可能地坚持原则，不为外物所动；小事方面一定要学会变通，通则变，变则达。只要是在不违背原则的前提条件下对于局部的事情进行一些小小的变通或是改变，不但不会影响大局，反而可能会促进整体事情的顺利发展。

　　李强大学毕业回到老家之后，找了好几份工作，都因为自己无法很快地适应环境不了了之。后来一次偶然的机会，他知道了养鱼卖鱼是个不错的生意。年轻人就是有魄力，想到做到，于是李强很快地就找来了施工队，在自家的农田里进行了鱼池的开挖工作。

　　这第一步的工作说来开展的倒是挺顺利。但是到了最关键的时候却让李强犯了难，那就是对于养鱼池的底部处理问题。有人建议在池塘底部铺上一层砖，这样既干净还又能省水；还有人建议说，不能铺砖，铺了砖鱼儿就接触不着泥土，对鱼的生长不利；还有人说……很多的建议使得李强苦恼不已。养鱼看起来简单，实则很复杂，而且还要投资相当大的资金，一旦自己因为运作不当，就会负债累累。而养鱼的关键就是鱼池的合格修建，这时的李强有些犯难，他觉得左也不是，右也不是，不知该听谁的好。

　　最终的结果却是，李强因为无法决定采取哪种更好地鱼塘铺地工作而就此搁了下来，最终也放弃了养鱼的计划。

　　所以，无论我们是在工作、学习还是生活中，都应该持有自己的主见，如果自己因为无法确定自我决策的准确性，可以适当地参考来自别人的帮助，但是万万不可全部听信于人，必须是在自己决策的基础上考虑别人给出的建议。

　　凡事的进行必须建立在自己的主见之上，办事如果没有原则，或者经常表现出一味地迁就、顺从都会对自己的决策产生不利的影响。过分

第十章　变——改变自己，自然会适应环境

的迁就别人，只会被人当成是软弱的表现。这样的话，在长期的迁就中自己就会失去自信力。过于依赖别人，结果只会一事无成。

那些缺乏主见或者从不坚持原则的人，一般情况下都是些禁不起诱惑的人。在他们的意识里，只要别人给他们出主意，均会被全盘接受。因为思想单纯的他们始终认为别人一定会给自己出谋划策，想出最佳的处理方案，所以，一旦接受了别人的思想，自己就根本没有办法去发挥自己的想象力，更不会运用自己的智慧寻找最好的解决方案。

他们的意志也相对比较薄弱，即使刚开始还能坚持一点点自己的原则，但是一经别人三言两语地劝说，他们的心理防线就会马上崩溃。因此，为人处世的时候，一定要保持自我独立的人格，一定要有自己的主见。拥有独立的人格不仅是衡量一个人是否成熟的标志，同时也是一个人的修养与智慧的最佳体现方式。

赢在出路 》》》

做一个有思想，有原则，独立性强的人。一个能够完全独立自主的人，不会事事都依赖于他人。大事方面一定坚持原则，小事方面学着灵活变通，不仅可以天马行空的发散思维，还可以让事情变得更加简单易行，也可以发挥自己的聪明才智，而且还可以不断发掘自身的潜力与智慧，我们又何乐而不为呢？